ACTUALITÉS SCIENTIFIQUES

MANUEL

DU

MAGNANIER.

APPLICATION DES THÉORIES DE M. PASTEUR
A L'ÉDUCATION DES VERS A SOIE,

PAR

LÉOPOLD ROMAN,

DE MIRAMAS (B.-D.-R.)

PARIS,

GAUTHIER-VILLARS, IMPRIMEUR-LIBRAIRE

DU BUREAU DES LONGITUDES, DE L'ÉCOLE POLYTECHNIQUE,

SUCCESSEUR DE MALLET-BACHELIER,

Quai des Augustins, 55.

1876

MANUEL

DU

MAGNANIER.

APPLICATION DES THÉORIES DE M. PASTEUR
A L'ÉDUCATION DES VERS A SOIE,

PAR

LÉOPOLD ROMAN,

DE MIRAMAS (B.-D.-R.)

PARIS,

GAUTHIER-VILLARS, IMPRIMEUR-LIBRAIRE

DU BUREAU DES LONGITUDES, DE L'ÉCOLE POLYTECHNIQUE,

SUCCESSEUR DE MALLET-BACHELIER,

Quai des Augustins, 55.

1876

(Tous droits réservés)

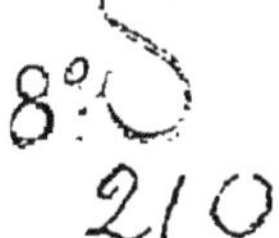

A MONSIEUR L. PASTEUR,

MEMBRE DE L'ACADÉMIE DES SCIENCES.

C'est à vous seul, Monsieur, que ce livre peut être dédié.

Né des théories nouvelles que vous exposez dans votre excellent ouvrage intitulé : « Études sur la maladie des vers à soie », *il est encore plus à vous qu'à moi, puisque, sans vos longues et patientes recherches, je ne l'eusse, sans doute, jamais écrit.*

En vous offrant cet humble hommage de mon admiration pour votre science et vos talents, je ne fais donc que vous rendre ce qui vous appartient.

Daignez agréer, Monsieur, les respectueuses salutations

De votre très-humble serviteur,

L. ROMAN.

PRÉFACE.

« Dans une magnanerie, le renouvellement de l'air doit être tel qu'il en
résulte une impression agréable pour
notre propre respiration ; jamais un
air étouffé, lourd, pénible à respirer,
ou chargé d'odeur malsaine »

(M. PASTEUR, *Études sur la maladie des vers à soie*, t. I, p. 263.)

« Il faut, pendant l'éducation, beaucoup d'air, c'est-à-dire un air renouvelé, un air non stagnant. »

(*Ibid.*, t. II, p. 173.)

Le *Manuel du magnanier*, que nous publions aujourd'hui, est le fruit de pénibles et nombreuses expériences.

Bien des fois le découragement est venu nous atteindre au milieu de nos essais infructueux ; mais nous nous sommes souvenu que l'homme n'a de mérite qu'en raison des difficultés qu'il doit surmonter, et nous avons continué notre tâche.

Lorsque le succès a enfin couronné nos efforts, notre hésitation a cessé et nous avons pensé à publier le résultat de nos observations. En agissant ainsi, nous avons cru remplir un devoir, car, à notre connaissance du moins, une méthode simple, économique, à la portée de tout le monde, manquait absolument.

Tous les Guides que nous avons eus en notre possession, composés par des savants distingués, étaient, par la hauteur même de leurs vues, au-dessus des connaissances de la plupart des habitants des campagnes. De plus, écrits pour les grands éducateurs seuls, ils ne donnaient les plans que de magnaneries modèles. Signalant, en général, des procédés que pouvait seul mettre en pratique le propriétaire d'une grande ferme, ils n'indiquaient que peu de moyens dont le petit sériciculteur pût faire son profit. Enfin, toutes ces méthodes datent de plusieurs années, et chacun sait que la révolution opérée dans la sériciculture par les découvertes de M. Pasteur a eu pour résultat immédiat l'anéantissement des anciennes doctrines.

Nous nous sommes donc attaché, dans notre Ouvrage, à éviter ces écueils, en le mettant à la portée de toutes les intelligences, et décrivant aussi simplement que possible les procédés en rapport avec les améliorations qu'exigent les progrès accomplis.

Nous avons voulu montrer également que, le

jour où les magnaniers sauront abandonner les
errements de la routine et entrer franchement
dans la voie du progrès tracée par M. Pasteur,
que le jour où ils feront eux-mêmes leur graine
comme autrefois, sans avoir recours à des marchands, trop souvent sans loyauté, que ce jour-
là, disons-nous, s'ouvrira pour la Sériciculture
une ère nouvelle qui lui rendra son ancienne
prospérité.

C'est le vœu le plus cher de celui qui écrit
ces lignes.

Miramas (Bouches-du-Rhône), 1876.

MANUEL

DU

MAGNANIER.

CHAPITRE PREMIER.

CULTURE DU MURIER.

Grâce aux remarquables travaux de M. Pasteur,
l'industrie séricicole tend à reprendre son importance. Au découragement qui, depuis plus de vingt-
cinq ans, s'était emparé des éducateurs privés de
récoltes tour à tour anéanties par des maladies
inconnues, succède enfin la confiance en l'avenir.
Nous pouvons espérer désormais pour le pays un
accroissement rapide de revenus, car nous connais-
sons aujourd'hui l'ennemi que nous avons à combattre. Nous savons que nos insuccès sont dus à
deux maladies, distinctes il est vrai, mais qui ne
sont pas, néanmoins, sans influence l'une sur
l'autre : la *pébrine* et la *flacherie*. Ces deux
fléaux, que nous étudierons plus loin, proviennent
d'un organisme anormal et différent pour chacun

d'eux. Cet organisme se développe et se multiplie avec une effrayante rapidité dans le corps de l'insecte qu'il envahit tout entier et dont il entraîne la mort.

Ainsi tombe d'elle-même cette opinion qui rejetait tous nos malheurs sur une maladie imaginaire des mûriers. Cette erreur, partagée par des hommes éminents, a causé de graves préjudices à l'industrie de la soie; car, dans la plupart des départements où la sériciculture constitue l'un des principaux revenus, beaucoup de propriétaires ont arraché les mûriers pour livrer leurs terres à d'autres productions. La France est donc privée aujourd'hui d'un grand nombre de ces arbres utiles que l'on doit chercher à répandre le plus possible, maintenant surtout que la *méthode Pasteur* donne un nouvel essor à cette importante branche de la richesse nationale. Qu'on nous permette, dans ce but, de donner quelques détails sur la culture de cet arbre et son emploi dans l'éducation des vers à soie.

Le mûrier (*amourier*, en prov.) est, comme chacun sait, originaire de la Chine, où, plus de 2000 ans avant J.-C., il servait déjà à la nourriture des vers. Importé en France sous le règne de Charles VIII (xve siècle), sa culture, encouragée plus tard par Henri IV, aidé de Sully et d'Olivier de Serres, fit sous Louis XIV de rapides progrès. On compte aujourd'hui de nombreuses variétés de cet arbre; mais, le mûrier blanc étant le plus propre à la nourriture des vers à soie, c'est de lui seul que nous nous occuperons : tous les autres sont, du reste, cultivés de la même manière.

On les obtient par semis, par boutures et par marcottes.

I. — SEMIS.

Les arbres issus de graines, quels qu'ils soient, durent toujours plus longtemps que ceux qui proviennent de boutures ou de marcottes. Il est vrai qu'ils sont plus longs à produire, mais ce défaut est compensé par une plus longue durée. On peut, d'ailleurs, utilement employer les uns et les autres. Les arbres nés de graines ayant la racine pivotante, on les plantera dans un terrain dont la profondeur permettra à celle-ci de se développer à son aise ; tandis que, dans un terrain peu profond, on plantera des arbres issus de boutures ou de marcottes dont les racines sont traçantes.

L'arbre sur lequel on prendra les mûres destinées à la semence devra être déjà d'une certaine grosseur. Si la feuille n'a pas été cueillie dans l'année, le fruit sera plus volumineux et la graine plus grosse et mieux nourrie. On attendra que les mûres tombent d'elles-mêmes ou qu'elles cèdent à une légère secousse imprimée aux branches.

Il existe deux méthodes de semis : la première, qui est la plus simple, consiste à écraser les mûres fraîches en les frottant contre une vieille corde en sparterie, que l'on enterre de suite dans un terrain

préparé à l'avance et que l'on arrose immédiatement. Ce système est presque abandonné aujour-
d'hui à cause de la difficulté que l'on éprouve, le
moment venu, pour éclaircir les jeunes plants dont
les radicules traversent souvent la corde et souf-
frent, en conséquence, quand on les arrache.

La seconde méthode est un peu plus compliquée.
Après avoir choisi, comme nous l'avons dit précédemment, les mûres les plus belles, on les
écrase le jour même dans un baquet plein d'eau
que l'on renouvelle plusieurs fois. Par ce moyen,
on rejette les graines qui surnagent à cause de
leur légèreté, ce qui est un grand avantage, puisqu'elles n'auraient jamais produit que des plants
chétifs. On met ensuite à part celles qui tombent
au fond du vase ; on les fait sécher à l'ombre et
on les conserve dans des bouteilles en un lieu sec,
à moins qu'on ne les sème de suite. En agissant
ainsi, on gagnerait une année ; mais, si l'hiver est
rigoureux, les jeunes plants qui n'ont encore que
deux mois d'existence, n'ayant pas eu le temps de
s'aguerrir contre le froid, périssent souvent en tout
ou en partie.

Il est donc préférable de semer au mois de mars.
Ce semis doit être fait sur un terrain arrosable et
préalablement défoncé à $0^m,25$ ou $0^m,30$, dans
lequel on creuse de petits ruisseaux de 4 ou 5 cen-
timètres de profondeur, à $0^m,30$ ou $0^m,40$ de distance les uns des autres. On sème les graines aussi
clair que possible dans ces ruisseaux, que l'on

recouvre de terre et qu'on arrose, si le temps est sec, avec un arrosoir muni de sa pomme.

Les Chinois, qui sont nos maîtres pour tout ce qui se rapporte à la sériciculture, et dont, à ce titre, on doit suivre l'exemple, sèment une ligne de chanvre (*cannébé,* en prov.) au sud de chaque ruisseau destiné à recevoir les graines de mûriers. Par ce moyen ils préservent les jeunes plants de l'ardeur du soleil. Ce système donne les meilleurs résultats. On peut remplacer le chanvre par le maïs et autres plantes semblables.

Les arbres qui proviennent de semis sont appelés *sauvageons* tant qu'ils ne sont pas greffés. Leur feuille, souple et dentelée, est la meilleure que l'on puisse donner aux vers à soie ; elle est plus nourrissante et moins aqueuse que celle des mûriers greffés. La veille du jour où l'on veut éclaircir le semis, on arrose le terrain. On doit ensuite piocher fréquemment, sarcler et arroser pendant l'été le jeune plant qui aura près de $0^m,50$ d'élévation en automne s'il a été bien soigné. Durant l'hiver on transportera les mûriers dans la pépinière dont le sol a été profondément pioché, et on les établira sur des lignes espacées de 1 mètre les unes des autres avec $0^m,50$ de distance entre chaque pied. Au mois d'août suivant, on les greffera à œil dormant, presque à ras de terre, et, en mars, on coupera la tige de ceux dont l'œil paraît vivant. On enlèvera aussi les liens, même ceux des arbres dont la greffe n'a pas réussi, que l'on en-

1.

tera alors en avril ou en juin à œil poussant. Inutile d'ajouter que l'on doit toujours les cultiver et les arroser. Au bout de deux ou trois ans, on pourra les planter à demeure ; deux années plus tard, on commencera à cueillir la feuille.

II. — BOUTURES.

Les mûriers obtenus par boutures et par marcottes offrent l'avantage que, sans avoir besoin de les greffer, on obtient dans peu de temps de beaux sujets ; mais, comme nous l'avons dit plus haut, ils durent moins que les sauvageons greffés. Voici comment on fait les boutures : au mois de février, on coupe sur l'arbre dont la variété convient des pousses de l'année et d'un peu plus de $0^m,50$ de longueur ; on les place dans une tranchée ouverte sur un terrain bien défoncé, de manière que les boutures soient distantes entre elles et mises à une profondeur de $0^m,50$. En les recouvrant, on tasse la terre autour de la tige pour qu'il ne reste pas de vide, ce qui compromettrait le succès de l'opération. Si on les pioche et si on les arrose fréquemment, les boutures donnent, pendant le premier été, des jets de $0^m,10$ à $0^m,12$ de longueur et poussent des racines. Si elles ont fourni des branches et conservé leurs feuilles jusqu'à l'automne, leur développement est assuré, pourvu que l'on continue à les soigner. Après un séjour de deux ans, on peut les planter à demeure.

III. — MARCOTTES.

Les marcottes croissent plus vite que les boutures. Pour en obtenir, il suffit de couper en hiver
à $0^m,25$ ou $0^m,30$ au-dessus de terre un mûrier
planté depuis cinq ou six ans et greffé ras du sol.
Au printemps on voit se former autour du tronc
un grand nombre de bourgeons que l'on butte
avec de la terre dès qu'ils ont atteint 1 mètre de
hauteur. Après deux années ils sont assez forts et
suffisamment enracinés pour être transplantés. On
découvre alors le pied qui a fourni les marcottes,
et il ne tarde pas à pousser, en plus grand nombre,
de nouveaux bourgeons que l'on traite de la même
manière.

C'est en automne, et, à la rigueur, pendant
l'hiver, qu'on retire les mûriers de la pépinière
pour les planter à demeure. Il faut laisser le plus
de longueur possible aux racines, et se garder de
les blesser en arrachant les sujets. La nature essentiellement fibreuse de ces racines ne permet pas à
la pioche et au louchet de les couper net. Le plus
souvent, le choc de ces instruments détermine une
fente longitudinale qu'il faut éviter. Pour cela, il
suffit de couper avec une serpe bien aiguisée
(*foouci* en prov.) celles que l'on rencontre.
L'arbre arraché, on doit enlever avec un sécateur
tout ce qui est endommagé, c'est là un point essen-
tiel. Après avoir terminé ces diverses opérations,
on dépose le mûrier dans une fosse creusée à l'a-

vance, dont les dimensions varient suivant la nature du terrain. Si le sol est maigre et sec, on doit donner à celle-ci 2^m de largeur en tous sens, 1^m de profondeur, en conservant une distance de 6^m. Si, au contraire, le terrain est fertile et arrosable, on peut réduire le développement des cavités, mais il faut laisser 8^m de distance entre les arbres, à cause de la prospérité dont ils jouiront. Beaucoup de cultivateurs veulent qu'on mette du fumier dans les trous au moment de la plantation ; à notre avis, c'est une faute, à moins que le sujet ne soit destiné à être fumé après chaque période de deux ou trois ans au moins. On peut, en ce cas, le faire sans crainte ; mais, si l'on n'a pas l'intention d'engraisser régulièrement le sol, pourquoi habituer le jeune mûrier à une nourriture qu'il ne trouvera plus au bout d'un certain temps ? Il est évident que, du jour où elle lui manquera, sa végétation deviendra languissante. Mieux vaut donc placer au fond des trous des cistes (*massugos,* en prov.), des titymales (*lèngiusclo,* en prov.), du buis, etc., le tout coupé en morceaux. Ces végétaux, en améliorant le terrain par leur lente décomposition, entretiennent, durant l'été, une humidité salutaire aux racines.

Il ne faut pas négliger, pendant les premières années de la plantation, de piocher fréquemment le pied de chaque arbre.

IV. — CULTURE EN HAIES.

Un moyen bien simple, et pourtant trop peu répandu, d'accroître les plantations est la culture en haies, que l'on ne saurait trop recommander aux propriétaires. Au lieu d'enclore la plupart des héritages avec des aubépines qui ne produisent rien, pourquoi ne pas les entourer de haies de mûriers qui, dans peu de temps, donneront en abondance de la feuille très-recherchée des vers à soie ? Elle est plus précoce, et pour leur nourriture bien préférable aux autres qualités. Par une taille convenable, on rend ce genre de clôture aussi impénétrable qu'une haie d'aubépines. On peut aussi s'en servir utilement pour protéger le jardinage contre les atteintes du redoutable mistral ; il tiendra lieu des abris de roseaux qu'on a l'habitude de construire à cet effet.

Les haies de mûriers se font, en général, avec des *sauvageons*, c'est-à-dire des arbres non greffés de deux ou trois ans. On les dépose dans une tranchée de 0^m,50 de largeur et de profondeur ; on les espace de 0^m,70 à 0^m,80, et, après la plantation, on coupe les tiges à 0^m,20 ou 0^m,30 du sol. Trois ou quatre ans plus tard, on peut cueillir la feuille. En greffant alors par approche les branches basses de la haie, on la rend tout à fait infranchissable. Il est d'usage, dans plusieurs contrées, de tailler chaque année une semblable clôture lorsqu'on a commencé à cueillir la feuille ; mais on commettrait une faute grave en soumettant aussi souvent les mûriers de haute tige à cette opération, surtout par le temps d'épidémie que nous traversons.

M. Pasteur démontre que la flacherie est due à la fermentation de la feuille de mûrier dans le tube intestinal du ver à soie, fermentation qui donne lieu à la naissance de vibrions qui tuent promptement l'insecte. Il est certain que plus la feuille sera aqueuse et indigeste, plus elle fermentera dans le ver. Or le mûrier a une telle abondance de séve, que, lorsqu'il a été taillé, il produit une nourriture grossière et, partant, indigeste. Le *sauvageon* donne, au contraire, une feuille toujours souple, contenant peu d'eau et beaucoup plus nourrissante que le mûrier greffé. Ce dernier aussi, lorsqu'il n'a pas été taillé depuis longtemps, fournit un aliment bien préférable. Nous n'ignorons pas que, dans ces conditions, l'arbre produit moins ; mais, quand il s'agit du succès d'une éducation, peut-on hésiter à perdre un peu de feuille, parce qu'on ne taillera les mûriers que tous les quatre ou cinq ans ?

Les considérations qui précèdent prouvent donc, en résumé, que l'on devra rejeter la feuille des mûriers plantés près des rivières comme trop aqueuse. Bien qu'avidement dévorée par les vers, elle est peu nourrissante et les fatigue, puisqu'elle les oblige à en prendre de grandes quantités pour arriver à la somme de suc nutritif qui leur est nécessaire. Il faudra aussi soigneusement éviter celle des mûriers nouvellement taillés, qui « peut faire mourir les vers au moment de la montée » (M. PASTEUR, t. I, p. 242). On préférera, au contraire, la feuille des sauvageons, des mûriers non taillés depuis deux ans au moins, et de ceux qui vivent sur un terrain sec ; car, s'ils donnent moins, ce défaut est largement compensé par la qualité nutritive. Enfin on doit se rappeler que, à conditions égales, les vieux mûriers fournissent une meilleure nourriture que les jeunes.

Ainsi donc on ne saurait trop appeler l'attention des sériciculteurs sérieux sur l'importance du choix de la feuille. Celle-ci influe non-seulement sur la valeur de la soie, mais encore devient souvent une condition, *sine qua non,* de réussite.

CHAPITRE II.

MALADIES DES VERS A SOIE.

I. — LA PÉBRINE.

C'est aux patientes et longues recherches de M. Pasteur que l'on doit la connaissance exacte des causes de cette terrible maladie. Les pages qui suivent seront donc un résumé de l'ouvrage de l'illustre Académicien (1). Il n'entre pas dans nos vues de faire ici, après lui, une étude approfondie du fléau ; nous nous bornerons à en indiquer les symptômes et les moyens proposés pour arrêter sa marche.

La *pébrine,* que l'on a appelée aussi *pétéchie, gattine, maladie des corpuscules,* tire son nom, qui veut dire *maladie du poivre,* du provençal, *pébré,* poivre, à cause de petites taches qu'elle occasionne sur le corps des vers, qui semble sau-

---

(1) *Études sur la Maladie des vers à soie,* par M. L. Pasteur, membre de l'Institut. 2 vol. grand in-8 avec planches, 1870. Paris, Gauthier-Villars. Prix : 20 fr.

poudré de cette épice aromatique. C'est le résultat d'un parasite intérieur introduit dans le ver par hérédité ou contagion, qui se montre sous la forme de corpuscules brillants, ovales, très-nettement délimités, visibles seulement au microscope, puisque leurs dimensions varient entre $\dfrac{2}{1000}$ et $\dfrac{3}{1000}$ de millimètre environ.

Les symptômes de la *pébrine* sont nombreux : les vers atteints sont inégaux ; ils ont peu ou point d'appétit, peu de vigueur, leur corps est taché ; leurs fausses pattes sont noires en dessous et ne s'accrochent plus facilement aux objets, ce qui fait dire à nos paysans « qu'ils ont les pattes brûlées. » Les chrysalides ont l'abdomen très-gonflé et les anneaux tendus ; enfin les papillons ont une partie du corps et des ailes colorée en gris de plomb ; ces dernières restent ridées, plissées, comme à la sortie du cocon.

Le mâle est moins sujet que la femelle à la maladie, et c'est par elle que celle-ci se propage héréditairement, puisqu'une graine issue d'un couple dont le mâle est corpusculeux ne renferme presque jamais de parasites si la femelle en est exempte.

Les corpuscules ont deux âges distincts : sous la forme brillante, à contours très-accusés, tous à peu près semblables et ovales (*Pl. I*), ils sont *vieux,* complétement développés et incapables de reproduire. Parfois, ayant la même forme, leurs contours

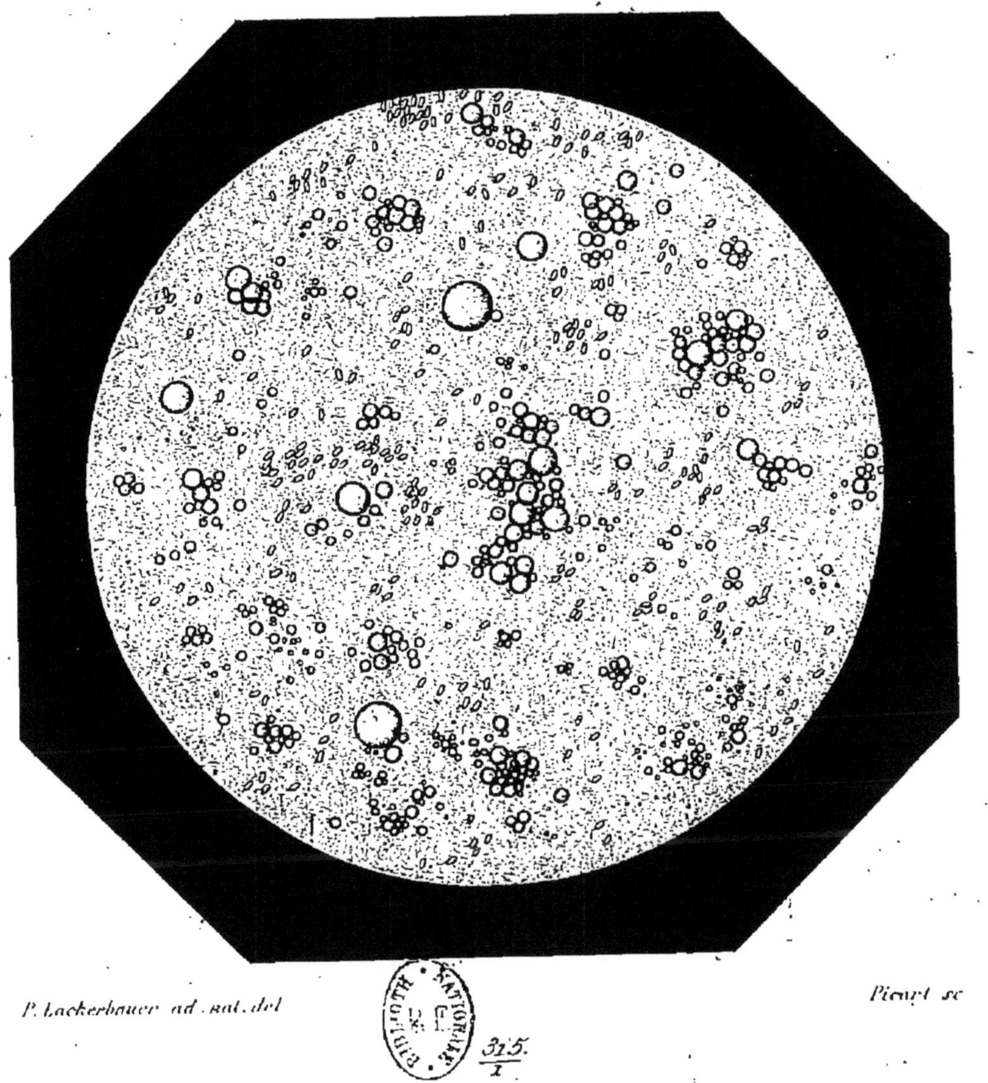

GRAINES TRÈS CORPUSCULEUSES

CORPUSCULES PATHOLOGIQUES $\left\{\begin{array}{l}\text{long. } 0^{mm}004 \\ \text{larg. } 0^{mm}002\end{array}\right.$

sont à peine marqués (*Pl. II*) ; d'autres fois ils sont pyriformes et presque indistincts (*fig.* 1) ;

Fig. 1.

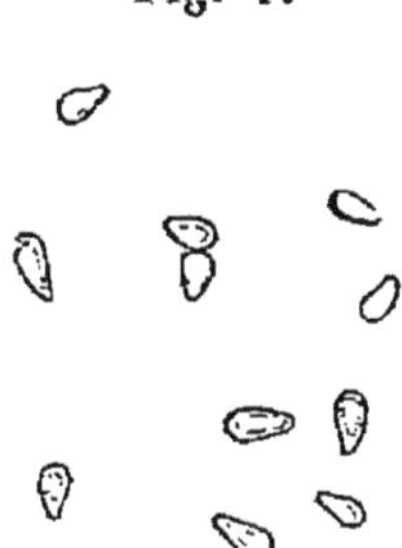

Corpuscules pyriformes de la pébrine.

sous ces deux derniers aspects ils sont *jeunes* et aptes à la reproduction, mais il leur faut peu de

Fig. 2.

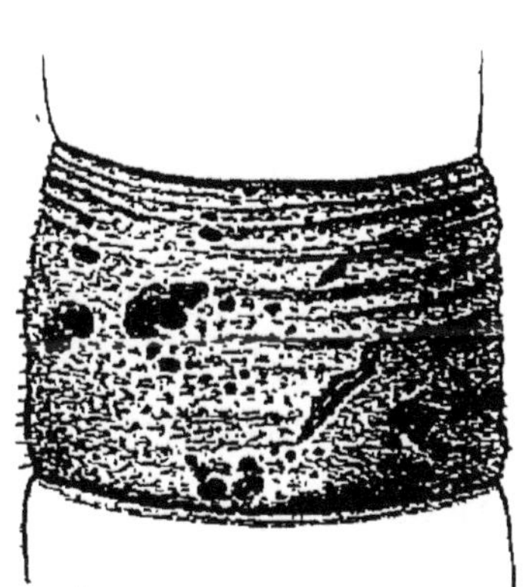

Taches de blessures et de pébrine.

temps pour devenir *vieux,* c'est-à-dire ovales et brillants. L'action de l'air les rend assez promptement inoffensifs.

On trouve également sur les vers deux sortes de

taches (*fig*. 2) : les unes produites par la *pébrine*, les autres par des blessures que les vers se font entre eux avec leurs pattes. Les premières sont entourées d'une espèce d'*auréole*, n'apparaissent qu'à la suite du développement des corpuscules, et se montrent surtout à la tête. Disparaissant à la suite des mues, lorsque le ver a changé de peau, on a cru, tout d'abord, qu'elles n'avaient aucun rapport avec la maladie des corpuscules ; mais on a dû bientôt se rendre à l'évidence, lorsqu'elles se sont, quelques jours après, montrées sur la peau nouvelle. Les taches de blessures sont à bords nets, presque toujours un peu allongées. D'après ce qui précède, on voit que les taches extéricures des vers au dernier âge n'impliquent pas forcément la *pébrine*, puisqu'un ver sain peut avoir des taches de blessures ; mais on doit remarquer que tous les vers corpusculeux sont tachés. Il n'y a, dès lors, pour reconnaître les malades, qu'à rechercher autour des taches, avec un verre grossissant, l'*auréole* dont nous avons parlé.

La contagion de la *pébrine* est très-rapide. Dix ou douze jours après l'ingestion par des vers sains de corpuscules frais, ils en contiennent tous en assez grand nombre, principalement dans les tuniques de l'intestin. C'est surtout pendant les mues que le développement de ces organismes paraît être très-actif.

On n'a pas, jusqu'à présent, trouvé le moyen pratique de détruire la vitalité des corpuscules,

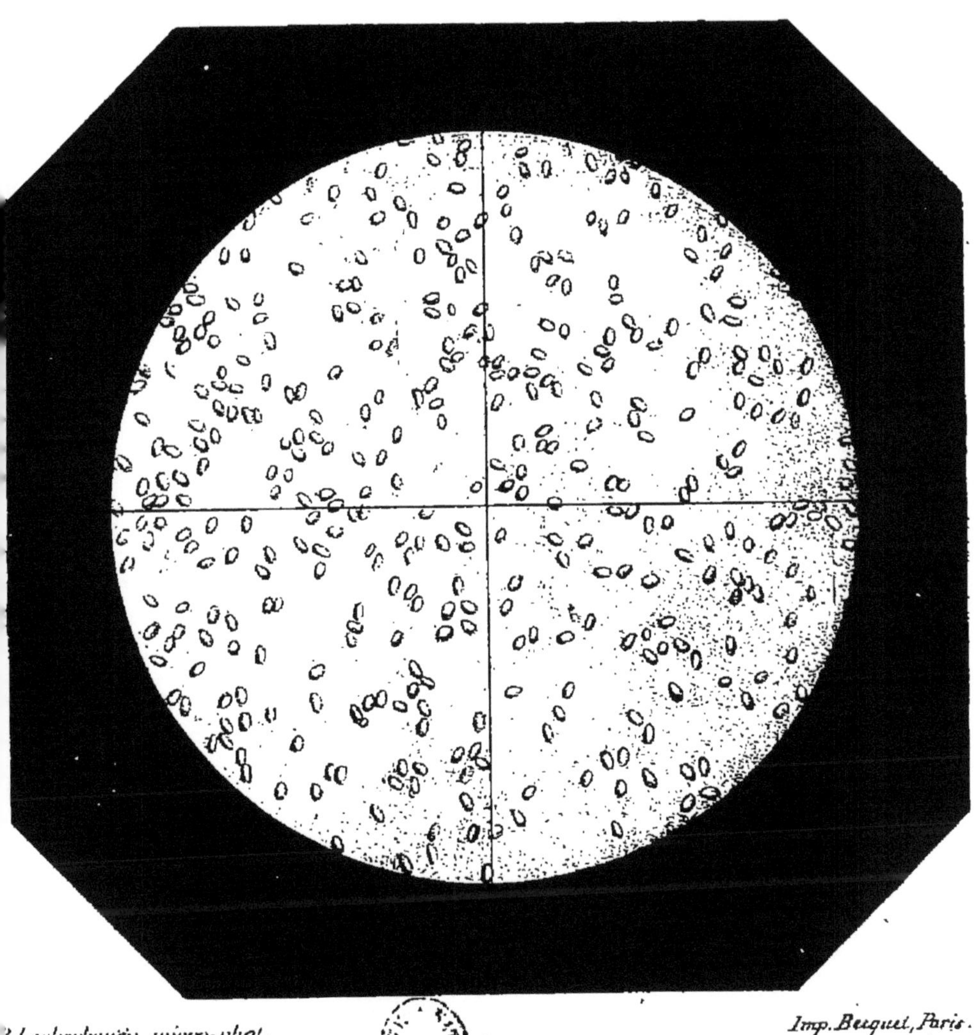

ASPECT DU CHAMP DU MICROSCOPE

DANS L'EXAMEN D'UN VER TRES CORPUSCULEUX

mais on doit à M. Pasteur un remède préventif qui arrive au même résultat. Le jour où les marchands de graines auront assez de loyauté pour l'appliquer sans restriction, ou mieux, lorsque chaque éducateur fera lui-même sa graine, le fléau qui nous ruine disparaîtra pour toujours. Ce remède, c'est la *méthode de grainage cellulaire au microscope,* à laquelle le savant membre de l'Institut a attaché son nom, et que nous étudierons dans un prochain Chapitre.

II. — LA FLACHERIE.

La *flacherie* n'est pas plus une maladie nouvelle que la pébrine. Depuis un grand nombre d'années on connaît ses terribles conséquences ; mais si, pendant longtemps, ses ravages ont été de peu d'importance, il n'en est plus de même aujourd'hui qu'elle a pris un caractère pour ainsi dire épidémique. Justement ému d'un pareil état de choses, M. Pasteur a étudié cette maladie en même temps que la pébrine et fait de nombreuses expériences dont nous allons donner brièvement le résultat.

La *flacherie* ou maladie des *flats,* des *rouges,* des *passis* et des *arpians,* tire ces divers noms des symptômes mêmes qui se déclarent chez le ver qui en est atteint. Ainsi, il est dit *flat,* du provençal *flat,* mou, parce qu'au lieu d'être dur, ferme au toucher, il cède au contraire à la moindre pression ; il est *rouge,* son corps a pris une teinte rose plus ou moins prononcée selon le degré du mal ; quelquefois, cette teinte est répandue sur tout le corps, d'autres fois, seulement sur les côtés ; sa peau, tendue lorsqu'il est bien portant, se ride, en cas de maladie, et le fait ressembler à un fruit flétri, d'où ce nom de *passi,* mot qui signifie exactement flétri, plissé ; on le nomme enfin *arpian,* parce que, même après sa mort, ses fausses pattes s'accrochent aux objets, idée que représente ce mot en provençal.

Lorsque les vers sont atteints de *flacherie,* lorsqu'ils ne mangent pas ou très-peu, que leurs crottins sont humides, qu'ils se montrent étendus au bord des claies, ou lorsqu'ils viennent de mourir, les matières qui remplissent leur tube intestinal renferment diverses productions orga- nisées, parmi lesquelles :

1° Des *vibrions,* souvent très-agiles, avec ou sans noyau brillant dans leur intérieur (*Pl. III*);

2° Des ferments en chapelets de petits grains (*Pl. IV*).

Ces parasites altèrent les fonctions digestives des vers, et la mort est habituellement la suite du développement de ces êtres microscopiques qui proviennent de la fermentation de la feuille de mûrier. Les vibrions sont de forme allongée, res- semblent quelquefois aux corpuscules de la pébrine et conservent leur activité pendant des années, ce qui rend la flacherie si redoutable. Demeurant à

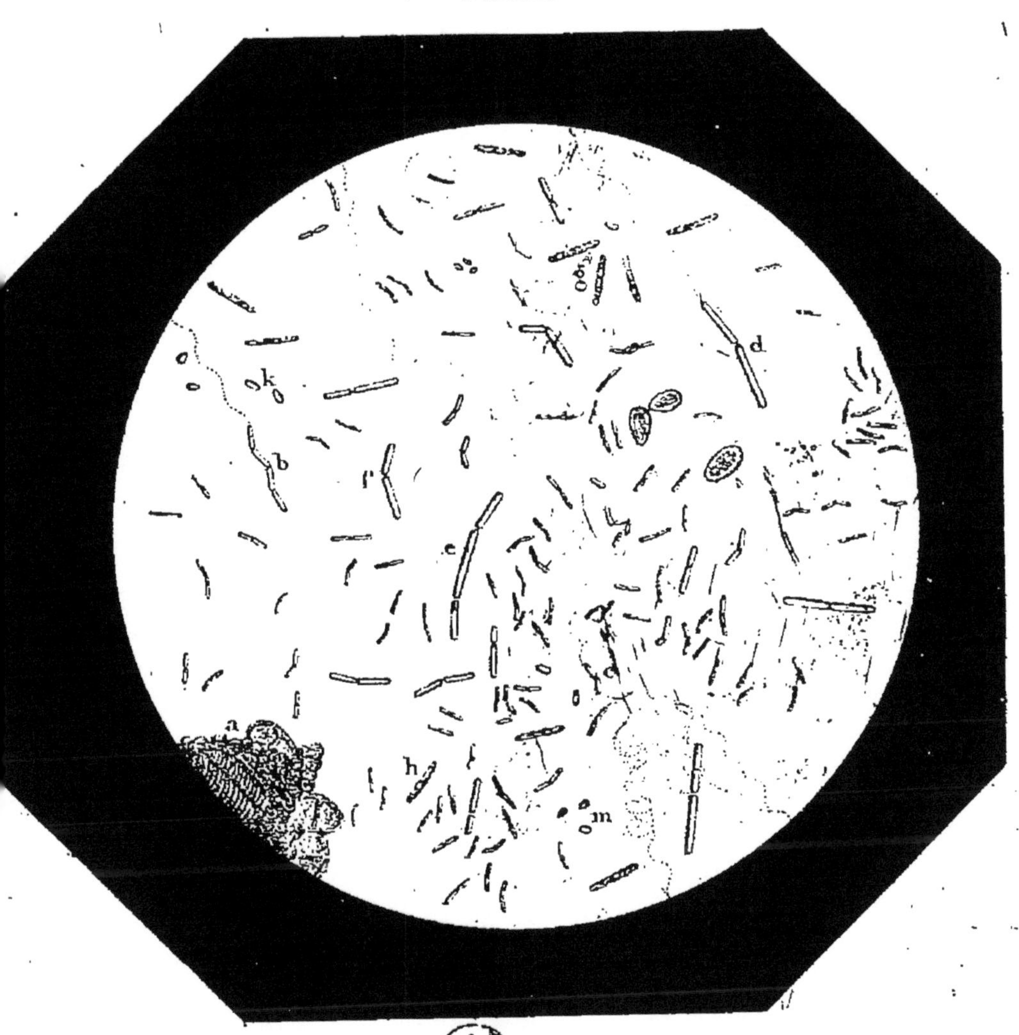

P. Lackerbauer ad. nat. del.

Imp. Becquet.

VIBRIONS DE LA FLACHERIE.

l'état enkysté dans la poussière, ils n'attendent pour se développer que d'être humectés ; en effet, quand l'eau est en contact depuis huit heures seulement avec de la poussière infectée, on voit apparaître dans cette eau des vibrions de plus en plus nombreux.

La flacherie est éminemment contagieuse ; de même que la pébrine, elle peut être *héréditaire* ou *accidentelle*. Héréditaire, on peut la combattre en espaçant les vers autant qu'on le pourra, surtout dans les premiers âges, et en les plaçant dans un air sans cesse renouvelé.

Accidentelle, elle a diverses causes : une trop grande accumulation des vers à leurs différents âges ; une température trop élevée au moment des mues ; une aération insuffisante ; un brusque changement atmosphérique ; l'emploi d'une feuille échauffée ou mouillée par le brouillard ou par la rosée ; une feuille très-dure succédant à une feuille plus digestive ; la feuille des mûriers nouvellement taillés ; tout cela peut occasionner la flacherie. Pour se préserver des cas accidentels, il faut donc éviter soigneusement les causes déterminantes que nous venons d'énumérer et tâcher de faire circuler constamment, dans la magnanerie, un courant d'air frais, en ayant soin, toutefois, d'y entretenir une chaleur convenable.

Lorsque la fermentation de la feuille de mûrier n'a lieu que dans le dernier âge de la larve, au moment où elle va filer sa soie, elle est produite par le ferment en chapelet de grains. Dans ce cas,

Fig. 3.

Vers atteints de flacherie au moment de la montée.

le ver construit son cocon, devient papillon et fait

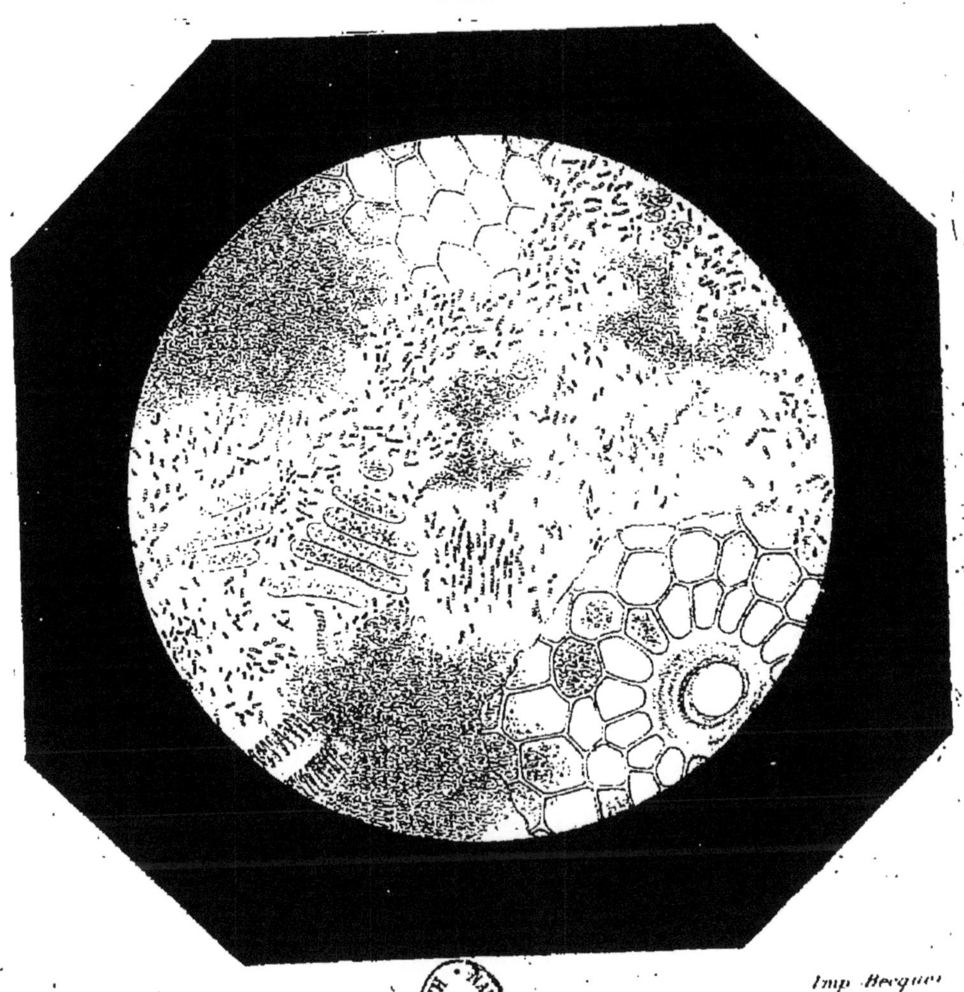

...ERMENT EN CHAPELETS DE GRAINS

TÉMOIN DE LA MALADIE DES MORTS-FLATS

pris dans la poche stomacale des chrysalides

même de la graine, mais celle-ci donnera naissance
à des vers qui mourront tous de la flacherie héréditaire. Quand, au contraire, la maladie s'accuse
par des vibrions, le ver meurt presque toujours
sans faire son cocon (*fig*. 3), ou, s'il le fait, c'est
ce que l'on appelle une *chique*, c'est-à-dire un cocon sans valeur et qui s'écrase sous le moindre choc.

Tels sont, en résumé, les résultats des études
de M. Pasteur sur la flacherie, cette terrible rivale
de la pébrine, résultats que l'expérience démontre,
hélas! trop victorieusement.

III. — LA MUSCARDINE.

Cette maladie, quoique moins à redouter que
les précédentes, puisque depuis plusieurs années
elle semble tendre à disparaître, mérite, néanmoins, une place dans ce Chapitre.

Elle est due au développement d'un champignon
ou cryptogame, nommé par les naturalistes *Botrytis Bassiana,* qui croît sous l'influence de grandes
chaleurs combinées à l'humidité. Le ver atteint
meurt rapidement et devient alors extrêmement
mou ; quelques heures plus tard, les racines du
végétal envahissent tout le corps de l'insecte,
absorbent les liquides qu'il contient, et le rendent
très-dur. Tant que le cryptogame n'est qu'en
herbe ou à l'état de floraison, le cadavre du ver
muscardiné ne blanchit pas les doigts ; mais, dès
que la graine est mûre, le ver devient très-blanc

et dépose au contact une espèce de duvet qui représente des milliers de graines de *Botrytis*.

La muscardine est *toujours accidentelle,* et ne peut, *en aucun cas,* devenir *héréditaire,* puisque le ver atteint, ou meurt avant de faire son cocon, ou périt après l'avoir terminé, avant d'avoir pu se transformer en papillon. Dans ce dernier cas, les cocons se vendent plus cher que les autres, parce que le ver débarrassé, comme nous l'avons dit, de tout liquide, pèse beaucoup moins. C'est ce que l'on appelle des cocons *plâtrés (engipa* en prov.) ; on les reconnaît au bruit de grelot qu'ils produisent quand on les agite.

Nous venons de voir que c'est seulement plusieurs heures après la mort du ver que les graines infectieuses se détachent du corps ; il faut donc, pour éviter la contagion *(car la muscardine est contagieuse),* retirer soigneusement les cadavres avant que la graine ait eu le temps de mûrir. On doit aussi, à la moindre apparence de muscardine, redoubler de soins pour renouveler l'air fréquemment, et déliter souvent les vers, puisque les causes de la maladie sont la trop grande chaleur, le manque d'aération et l'humidité.

CHAPITRE III.

DISPOSITIONS INTÉRIEURES D'UNE MAGNANERIE.

I. — VENTILATION.

Ce livre étant destiné aux petits éducateurs, nous n'entrerons pas dans la description d'un atelier spécialement construit dans le but d'y élever des vers à soie. Dans les Bouches-du-Rhône et dans la plupart des départements limitrophes que l'on nomme de *petite culture*, la récolte de la soie, bien que faite sur une assez grande échelle, n'est pas cependant, comme dans le Gard par exemple, un des principaux revenus du pays. On ne voit pas, en conséquence, dans notre contrée, de ces grandes éducations qui nécessitent la construction spéciale d'un immense local. Nos sériciculteurs ne mettent pas en éducation plus de 3 onces de graines, en moyenne, excepté dans quelques grandes fermes où l'on en élève jusqu'à 3o onces ; mais c'est là une rare exception dont nous n'avons pas à nous occuper. Il est évident que, pour 2 ou 3 onces de graines, on ne peut construire une magnanerie et y installer des appareils de ventilation toujours très-coûteux ; aussi est-ce généralement dans des remises ou des greniers que se font ces petites éducations. Nous allons étudier les moyens de rendre ces locaux propres au service qu'ils sont momentanément appelés à rendre. Ceux qui voudront faire une construction *ad hoc* trouveront sans peine des plans dans tous les ouvrages qui traitent de la sériciculture. Ils n'auront, du reste, qu'à s'inspirer de cet axiome capital : *qu'il faut s'attacher à rendre, dans une magnanerie, le renouvellement et la circulation de l'air aussi faciles et aussi naturels que possible.*

C'est vers ce but que doivent tendre tous les efforts. Pour y parvenir, l'appartement destiné à l'éducation doit avoir des ouvertures sur toutes ses faces, afin de pouvoir établir un courant d'air continuel et profiter du moindre souffle, de quelque côté qu'il vienne.

Voici un moyen très-simple et peu dispendieux de faire circuler un volume d'air assez considérable dans un appartement déjà construit et que l'on veut convertir en magnanerie. Selon l'étage auquel il est situé, on percera le mur au niveau du sol ou du plancher, de distance en distance (*fig. 4*), et de manière que les trous soient espacés tout au plus de $1^m,50$ à 2^m les uns des autres. On enfoncera dans ces ouvertures des tuyaux en poterie vulgairement appelés *bourneaux*, de $0^m,15$ à $0^m,20$ de diamètre du gros côté. Cette opération étant des plus simples, peut être faite par le sériciculteur lui-même, sans le secours d'un maçon. Après avoir choisi la place du trou, on détache à l'intérieur une pierre, puis on introduit dans l'excavation ainsi formée une pince en fer que l'on jette par

Fig. 4.

Bourneaux au niveau du sol et du plancher.

saccades, à la façon des mineurs, contre la pierre formant la face extérieure du mur. Lorsqu'elle est tombée, on introduit dans le trou le *bourneau* que l'on a préalablement mis à tremper dans l'eau pour enlever la poussière qui peut y adhérer ; on mouille dans le même but les parois de l'ouver-

3

ture que l'on remplit intérieurement et extérieurement avec du plâtre ou du mortier dans lequel on enfonce des pierres pour consolider le tuyau.

Il est bon de mettre en dehors un morceau de toile métallique pour empêcher les rats et autres animaux de s'introduire dans la magnanerie. Les tuyaux sont bouchés à l'intérieur par un tampon d'étoffe ; en les débouchant du côté où le vent souffle et à l'opposé, on obtient un courant d'air assez vif pour chasser les miasmes de l'atelier.

Si l'appartement est situé sous les toits, on pourra aussi avec avantage établir des ouvertures dans ceux-ci. Avec trois fenêtres à tabatière (*fig.* 4) de o^m,5o de longueur sur o^m,3o de largeur, on peut éclairer et aérer un atelier de 15^m de long sur 4^m ou 5^m de large, suffisant pour une éducation de 2 onces de graines. Ces fenêtres en fonte coûtent de 5 à 6^{fr}. Voici le détail des frais d'achat et d'installation calculés au maximum :

3 fenêtres à 6^{fr} l'une........ 18^{fr} ⎫
3 vitres à 1^{fr}.... .... 3 ⎬ soit en tout 24^{fr}.
Main-d'œuvre pour les poser.. 3 ⎭

Il existe encore deux moyens plus simples et plus économiques. Pour appliquer le premier, on enlève deux tuiles à la toiture et on les remplace par une planche munie, sur l'un de ses côtés, de deux charnières que l'on fixe sur les traverses, et retenues à celles-ci du côté opposé par un crochet ou un petit verrou. Le second consiste à bâtir sur les toits des bourneaux semblables à ceux que l'on a mis ras du sol (*fig. 4 bis*) et que l'on bouche de la même manière.

Ces deux systèmes peuvent être posés par l'édu-

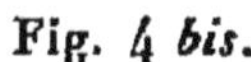

Fig. 4 *bis*.

Fenêtres à tabatière et bourneaux sur les toits.

cateur lui-même; ils n'offrent aucune difficulté d'exécution, tandis que les fenêtres à tabatière, bien préférables il est vrai, puisque l'on a à volonté aération et éclairage, même avec la pluie, exigent le concours d'un maçon.

Quel que soit le système que l'on adopte, il

faut que les ouvertures soient bien au milieu de l'atelier, pour que l'air n'arrive pas directement sur les vers placés contre les murs. Si l'on emploie les fenêtres à tabatière ou les planches à charnières, on peut faire servir chacune d'elles pour 5^m de superficie environ ; mais si l'on se sert de tuyaux, la distance doit être moindre à cause de leur petit diamètre.

Tels sont les appareils de ventilation qu'il est loisible à chacun de se procurer avec un peu de patience. S'ils sont loin de la puissance et de la perfection qu'ont atteintes ceux de MM. Darcet, Combes, etc., etc., ils ont du moins l'avantage de ne nécessiter aucune réparation une fois posés, de pouvoir s'adapter à n'importe quelle construction et surtout d'être à la portée de toutes les bourses.

II. — POSE DES CLAIES.

Les *claies*, dont nous parlerons au Chapitre suivant, se posent, pour l'éducation, de diverses manières : nous étudierons seulement les trois plus simples, qui sont aussi les plus répandues.

1° Pose au moyen de trous dans le mur.

On trace contre le mur (*fig.* 5), au moyen d'une règle et d'un crayon, des lignes horizontales distantes les unes des autres de $0^m,5o$, c'est-à-dire la première à $0^m,5o$ du sol, la deuxième à $0^m,5o$ de la première, et ainsi de suite jusqu'à la dernière, qui doit être aussi au moins à 0^m,50 du plafond. On trace ensuite d'autres lignes perpendiculaires : la première et la dernière sont à 0^m,40 ou 0^m,50 du coin du mur, les autres sont distantes de

Fig. 5.

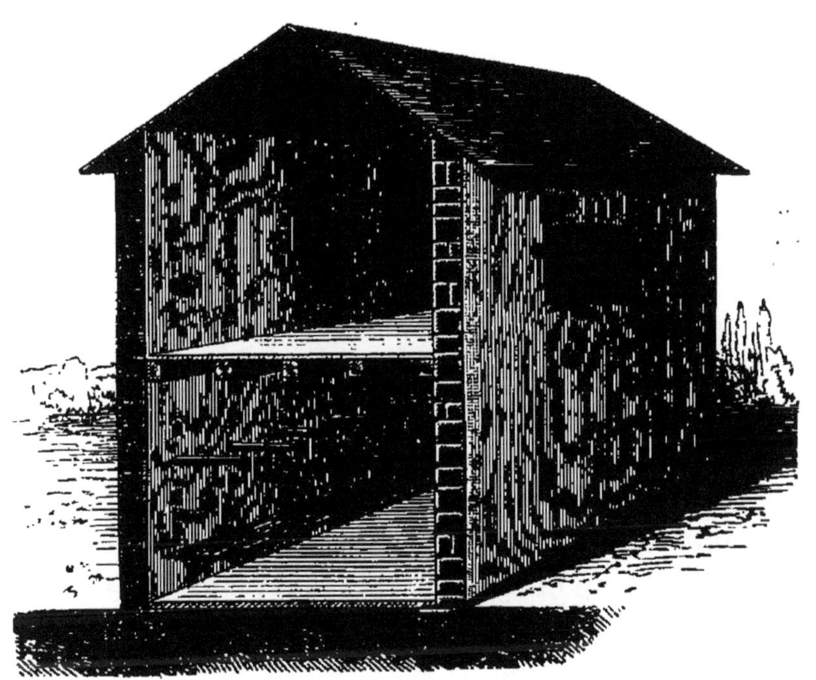

Pose des claies au moyen de trous dans le mur.

1^m,50 à 2^m. Au point de rencontre de chacune de ces lignes, on fait avec un pic ou un ciseau à pierre un trou de 0^m,20 environ de profondeur et aussi étroit que possible pour ne pas avoir trop de travail quand il faudra le boucher. Lorsque tous les trous sont faits, on prend un morceau de

3.

bois très-dur, droit, bien rond et bien uni, d'environ $0^m,04$ (deux doigts) d'épaisseur et que l'on amincit légèrement à l'un des bouts pour qu'il pénètre plus aisément. Cela fait, on mouille l'intérieur du trou, on pétrit du plâtre que l'on jette au fond de l'ouverture, et l'on y plante, autant que faire se peut, à l'endroit où les deux lignes se rencontrent, le morceau de bois préparé. On a soin de le retourner dans le plâtre, pour que celui-ci ne s'y attache pas au point que l'on ne puisse plus l'en retirer. On met des pierres dans le plâtre tout autour du piquet, on pétrit de nouveau, on enfonce encore des pierres en retournant le morceau de bois, et l'on continue jusqu'à ce que le trou soit comblé. On retire alors le bâton en le faisant toujours tourner sur lui-même pour ne pas ébranler la maçonnerie, et l'on passe au trou suivant.

Comme le plâtre se dessèche très-vite, il est bon de ne pas trop en gâcher à la fois ; car, pour peu qu'il se solidifie, si on le mouille encore pour le rendre plus liquide, il n'a plus aucune propriété. On n'a pas besoin d'une grande adresse pour faire ces trous soi-même, et, si l'on gâte le premier et le second faute de savoir se servir du plâtre, on a bien vite acquis cette science, et l'on arrive bientôt à les faire très-bien. On peut, avec un sac de plâtre coûtant un maximum de $0^{fr},75$ à $0^{fr},80$, faire 25 trous : le principal est d'en employer peu à la fois, pour avoir le temps de faire entrer dans

le trou autant de petites pierres qu'on le peut.
Celles-ci rendent le travail plus solide et remplissent économiquement les vides que le plâtre aurait dû combler.

Lorsque le moment de l'éducation est venu, on

Fig. 6.

Pose des claies à étagères fixes.

place dans les trous ainsi faits des bâtons de leur grosseur, de 1^m de longueur et aussi droits qu'on pourra se les procurer. On se servira utilement pour cet usage des branches, généralement droites, de mûriers taillés pendant l'année. Si, faute de bâtons assez gros, on est obligé d'en mettre de plus petits, on les consolide dans les trous au moyen de petits coins en bois. C'est sur ces bâtons que l'on pose les claies, en ayant soin de les faire un peu croiser les unes sur les autres pour plus de solidité. L'éducation terminée, on enlève le tout que l'on réunit, pour l'année suivante, dans un coin de la magnanerie qui sert alors de grenier et d'entrepôt pour les autres récoltes.

2° Pose à étagères fixes.

On choisit des barres (*fig.* 6) de saule ou autres de la hauteur de l'appartement, on les pose deux par deux à $1^m,50$ ou 2^m de distance, et on laisse entre elles la largeur d'une claie. Ces montants doivent être fortement assujettis par des coins en bois que l'on introduit entre eux et le sol ou le plafond contre lesquels ils appuient avec force. On fixe contre ces barres, avec des clous ou des ficelles et à $0^m,50$ l'une de l'autre, des branches droites de mûriers, et l'on y place les claies.

3° Pose à étagères mobiles.

Les étagères mobiles (*fig.* 7) sont faites avec du sapin ou du saule que l'on dépouille de son écorce ; leur épaisseur varie entre $0^m,10$ et $0^m,15$, selon le bois dont on se sert. Les morceaux que l'on retranche aux barres de saule, soit parce qu'ils sont trop gros, soit parce qu'ils sont tordus, servent à confectionner des pieds à ces étagères : on les fend en deux et l'on fait dans chacune des moitiés, avec un ciseau de menuisier, un trou allongé dans lequel on fait entrer un des bouts du montant préalablement aminci. On assujettit ce pied au moyen d'une cheville en bois. Avec un vilebrequin on fait ensuite

Fig. 7.

Pose des claies à étagères mobiles.

sur ces montants, en droite ligne et à $0^m,5o$ les uns des autres, des trous de $0^m,o3$ de diamètre. On y enfonce des bâtons de même grosseur, assez longs pour que, après avoir pénétré de chaque côté dans le bois, il y ait encore $0^m,8o$ de distance, au moins,

entre chaque barre, afin que la claie entre aisément.

La pose à étagères fixes ou mobiles ne s'emploie
que dans les appartements dont on ne veut pas
détériorer les murs en y perçant des trous, ou bien
dans les ateliers très-larges. On met, dans ce
dernier cas, les étagères au milieu de la magnanerie, indépendamment des rangs fixés au mur. On
doit éviter, autant que faire se peut, l'emploi de
ces étagères, à cause de leur peu de solidité, qui
nécessite l'usage des échelles doubles, ce qui augmente d'autant les dépenses et l'encombrement
du mobilier. En effet, les chevalets (*cavalets* en
prov.), que l'on trouve dans toutes les campagnes,
ne peuvent pas, souvent, les remplacer.

III. — CHAUFFAGE.

Le chauffage est une des opérations les plus im-
portantes de l'éducation des vers à soie : il faut
qu'il y ait, dans la magnanerie, une chaleur toujours régulière et continue. Nous avons vu, en
effet, au Chapitre précédent (§ *Flacherie*), qu'un
changement trop brusque de température peut
amener l'invasion accidentelle de cette terrible
maladie. On doit donc veiller attentivement sur
les appareils dont on se sert.

Les poêles en fonte, que l'on emploie d'habitude,
donnent une chaleur violente, brusque et qui dure
peu. Lorsque le combustible manque, ce qui ar-

rive fréquemment au milieu de la nuit, le poêle refroidit presque tout de suite, et les vers qui subissaient dans la soirée 15 ou 16° R. de chaleur se trouvent, vers le matin, exposés à la température extérieure, c'est-à-dire, comme cela a eu lieu souvent pendant la campagne séricicole de 1874, à 8 ou 9° R. C'est donc une différence de 6 à 7° avec la température de la veille et celle de la journée qui va suivre, puisque le sériciculteur, s'apercevant de cette baisse, s'empressera de réparer la faute de la nuit en rallumant le poêle pour ramener l'appartement à la température normale de 16° R. Or on comprend sans peine que ces alternatives de chaud et de froid, capables de fatiguer un homme, doivent, à plus forte raison, indisposer des vers à soie.

Pour obvier à cet inconvénient, on entoure le foyer avec des briques (*fig.* 8) qui, absorbant le calorique peu à peu, le perdent de même lentement et donnent une chaleur douce et régulière. C'est encore à des moments de loisir que l'on peut faire soi-même ce travail. On met le poêle en place, autant que possible au milieu de l'appartement, pour que sa chaleur rayonne d'une manière égale, et l'on applique tout autour de lui des briques que l'on consolide avec du plâtre, du mortier ou de la terre mouillée; on laisse un espace libre pour ouvrir les portes et mettre du charbon. On peut appliquer sur ces ouvertures des briques mobiles que l'on enlève au moment voulu. On fera bien de se ser-

vir de briques *réfractaires (briquos à fué* en prov.),
qui conservent bien plus longtemps la chaleur ; si
l'on n'en a pas, on emploiera des briques ordinaires.
Vingt-cinq suffiront pour un poêle de moyenne gran-

Fig. 8.

Poêle en fonte recouvert de briques.

deur pouvant chauffer un atelier de 2 onces de
graines.

Les briques réfractaires coûtent, le 100.   15^{fr}
»   ordinaires   »   »   3

Lorsque le temps est froid, comme, par exemple,
lorsque le mistral souffle, on peut joindre au poêle
des fourneaux *(fig. 9)* placés de distance en distance
dans l'atelier et entretenus avec du charbon de bois

que l'on recouvre d'un peu de cendre lorsqu'on va
se coucher. Le feu dure ainsi généralement jusqu'au matin. Il faut installer ces fourneaux loin
des claies, pour qu'une étincelle s'échappant par
hasard ne puisse y mettre le feu ; on fera même
bien, en se retirant, de placer au-dessus du foyer
de la toile métallique fine sur les pierres ou les
briques dont ces fourneaux peuvent être composés.

Fig. 9.

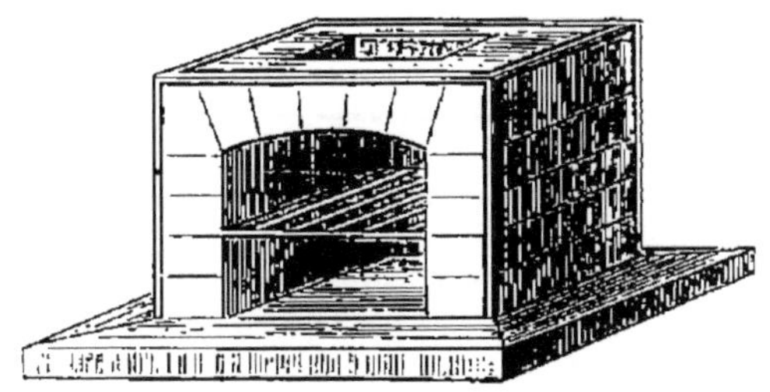

Fourneau en briques.

On ne doit jamais, dans une magnanerie sans
issue, faire du feu avec du bois, à cause de la fumée qui en résulte. Nous avons entendu de nombreuses personnes prétendre que leur récolte avait
été excellente, bien que, pendant toute l'éducation, la fumée fût si épaisse qu'elles étaient obligées de s'allonger sur le sol pour y résister. Elles
étaient même persuadées que l'abondance de leur
récolte était due à l'action de la fumée. Pauvres
ignorants ! comment peuvent-ils croire qu'un insecte aussi petit que le ver à soie, élevé dans certains pays sur les arbres mêmes, c'est-à-dire à

l'atmosphère la plus pure, puisse se trouver bien
dans celle d'une magnanerie où les hommes eux-
mêmes ne peuvent demeurer sans se coucher à
terre?

CHAPITRE IV.

MOBILIER DE LA MAGNANERIE.

I. — CLAIES.

Les claies (*canissos* en prov.) sont des espèces de tables en roseaux (*fig.* 10), sur lesquelles on dépose les vers à soie, afin qu'ils y subissent leurs

Fig. 10.

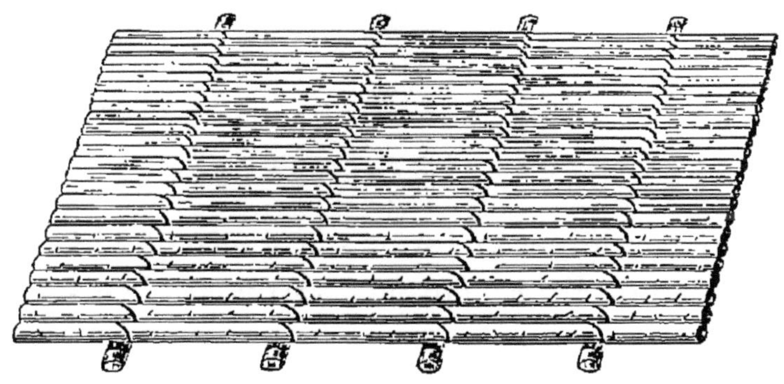

Claie en roseaux (terminée)

diverses transformations. Pour confectionner ces claies, on commence par se procurer des roseaux (*cannos* en prov.) et des bâtons de mûrier de $0^m,03$ environ de grosseur sur 1^m de longueur que l'on redresse de son mieux (*fig.* 11). On fait au bas de ceux-ci une entaille circulaire contre laquelle on attache solidement la ficelle en sparterie (*marroun* en prov.) qui doit fixer les roseaux. On appuie quatre de ces bâtons contre un mur à environ o^m,6o l'un de l'autre, on applique un roseau contre eux et sur la ficelle. Soulevant alors cette dernière d'une main, on passe, de l'autre, le paquet entier derrière le bâton, et entre celui-ci et la

Fig. 11.

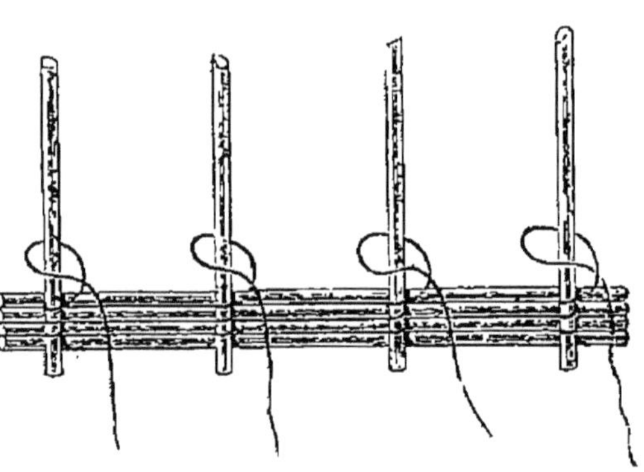

Claie en roseau.

partie soulevée on forme une ganse que l'on serre fortement. On répète successivement la même manœuvre à chaque bâton, on met un nouveau roseau, on forme une seconde ganse et l'on continue ainsi jusqu'au dernier roseau, sur lequel la ganse doit être double. On coupe la ficelle et l'on fait un nœud pour retenir la ganse. La claie doit avoir de o^m,70 à o^m,8o de largeur sur 2^m ou 2^m,5o de longueur. Lorsqu'elle est terminée, on scie les cannes qui dépassent de chaque côté à environ o^m,3o des derniers bâtons. Les roseaux ayant un côté plus gros que l'autre, il faut avoir soin de les mettre *tête et queue,* comme l'on dit, pour que la claie soit régulière et possède de chaque côté la même largeur. Il est bon aussi de mouiller le *marron* avant de s'en servir ; de cette manière, on serre davantage les roseaux.

Nous n'avons parlé que des claies à quatre bâtons, parce que ce sont les plus usuelles. On peut en faire de cinq, six et même sept bâtons, si la longueur des cannes le permet ; mais alors elles deviennent très-lourdes, et, partant, peu commodes. Comme parmi les roseaux il y en a toujours de petits, on peut les utiliser en faisant des claies de deux ou trois bâtons qui servent pour les coins de la magnanerie ou pour d'autres usages. Quelques personnes raclent les roseaux, c'est-à-dire les dépouillent de la partie des feuilles qui adhère contre eux : c'est là une bonne précaution, surtout en ces temps de maladies que nous traversons. Les claies faites avec ces roseaux sont plus faciles à nettoyer et offrent moins de refuges aux corpuscules de la pébrine et aux vibrions de la flacherie. Elles sont aussi plus solides, puisque l'on serre directement la canne, tandis que, par l'autre système, le parenchyme se détache à la longue par le frottement, et la ficelle qui appuyait sur lui se relâche d'autant.

Le paquet de cent cannes, lorsqu'on l'achète, coûte de 0^{fr},80 à 1^{fr}. On peut, avec cela, faire

4.

facilement et au minimum deux claies. Il faut, en outre, par claie de quatre bâtons, un demi-paquet de ficelle en sparterie à o^{fr},12 ½ ou o^{fr},15 le paquet.

Une claie coûte donc, au maximum :

5o roseaux à 1^{fr} le 1oo .... o,5o $\big\}$ soit en tout
½ paquet de ficelle à o,15.. o,o7 ½ $\big\}$ o^{fr},57 ½

Mais les roseaux ne sont pas assez rares en Provence pour que l'on soit obligé d'en acheter. Si

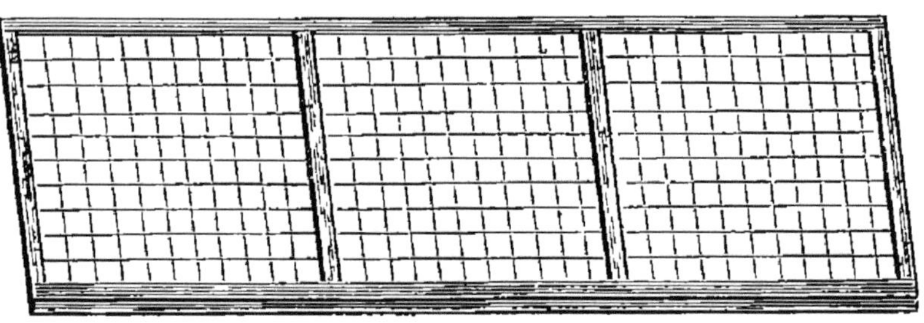

Fig. 12.

Claie en fil de fer.

l'on n'en a pas chez soi, on peut s'en faire donner par des voisins, et les frais se réduisent alors à o^{fr},o7 ½.

On doit préparer vingt-cinq claies pour 1 once de graines (25 grammes).

Nous ne citerons ici que pour mémoire les claies en fil de fer (*fig.* 12); elles consistent en un cadre en bois de o^{m},o5 d'épaisseur, muni sur sa longueur de deux traverses, également en bois, sur lequel est cloué un grillage en fil de fer. Elles ont o^{m},75 ou o^m,8o de largeur sur 2^m,5o de longueur. Ces claies sont légères, régulières, commodes, durables, ont, en un mot, toutes les qualités ; mais elles ont aussi un grand défaut aux yeux de bien des gens, de ceux surtout auxquels ce livre est destiné : elles sont trop chères.

II. — USTENSILES DIVERS.

1. *Couveuse.* — Beaucoup d'éducateurs font éclore les œufs de vers à soie en les portant sur eux, en les mettant dans un lit avec un cruchon d'eau chaude ou dans des bouteilles qu'ils approchent du feu dans la journée et qu'ils mettent dans leur lit pendant la nuit. Ce sont là de mauvais systèmes, parce que l'on n'arrive jamais à une chaleur régulière, ce qui fait que les vers, au lieu d'être tous éclos dans trois jours, en restent plus de quinze. On a ainsi, à la fin de l'éducation, des cocons à peine commencés, tandis que les papillons sortent déjà de quelques autres. La marchandise a alors moins de valeur, et l'on éprouve une perte sensible, sans compter le tracas que donnent, pendant l'éducation, tous ces vers inégaux.

Pour obvier à ces inconvénients, il suffit d'employer l'un de ces appareils qu'on nomme *tambours*, qui servent à chauffer le linge des malades. C'est un cylindre (caisse longue et ronde) ouvert des deux côtés, de o^m,7o de haut sur o^m,4o de diamètre. Il est formé (*fig.* 13 et 14) par la superpo-

sition de sept cercles de cribles. Aux deux tiers
de sa hauteur, c'est-à-dire à o^m,5o, on a établi une
séparation à l'intérieur avec un morceau de canevas ou toile très-lâche, destinée à supporter les
boîtes contenant les graines. A la partie supérieure

Fig. 13.

Fig. 14.

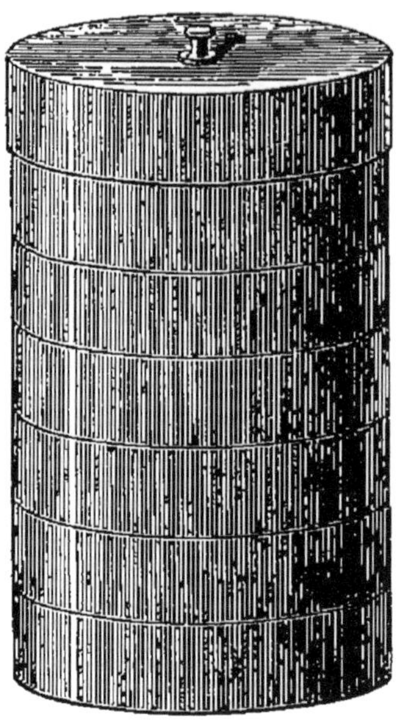

Couveuse-tambour (entière).   Section de la couveuse-tambour.

de cette couveuse s'adapte un couvercle en bois.
Cet appareil, que fabriquent les marchands de cribles, coûte 7^{fr}.

Couveuse en osier. — On construit également
des couveuses en osier spécialement destinées à
l'éclosion des vers à soie. C'est une corbeille sans

fond (*fig.* 15 et 16), munie d'un couvercle et sépa-
rée à l'intérieur en deux compartiments par des

Fig. 15.

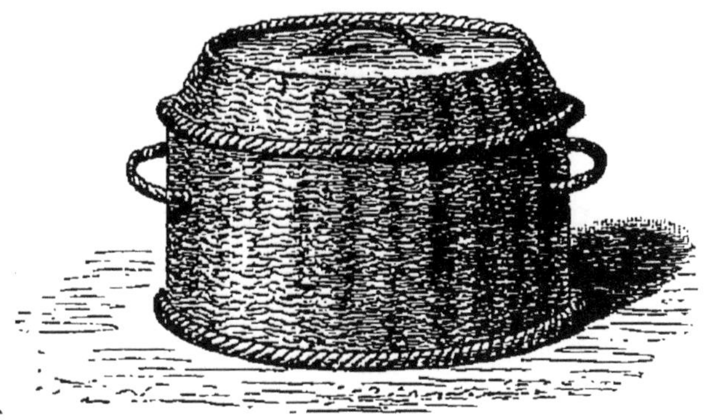

Couveuse en osier (entière).

branches d'osier sur lesquelles on appuie les boîtes
de graines. Cette couveuse est très-commode, parce

Fig. 16.

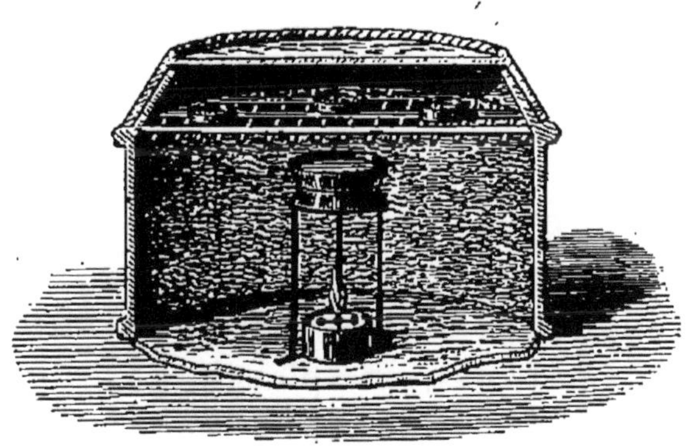

Section de la couveuse en osier.

que l'osier permet à l'air de circuler; on peut se la
procurer chez les vanniers au prix de 4^{fr}.

2. *Coupe-feuilles.* — Le coupe-feuilles est un instrument destiné, comme son nom l'indique, à couper la feuille des vers à soie pendant leur jeune âge. Il se compose (*fig.* 17) d'une sorte de caisse longue, à bords très-bas ($0^m,05$), munie sur l'un de ses côtés d'un couteau à lame droite et à gros manche fixé contre la caisse au moyen d'une charnière qui lui permet de se mouvoir de haut en bas. On introduit la feuille à couper dans la caisse

Fig. 17.

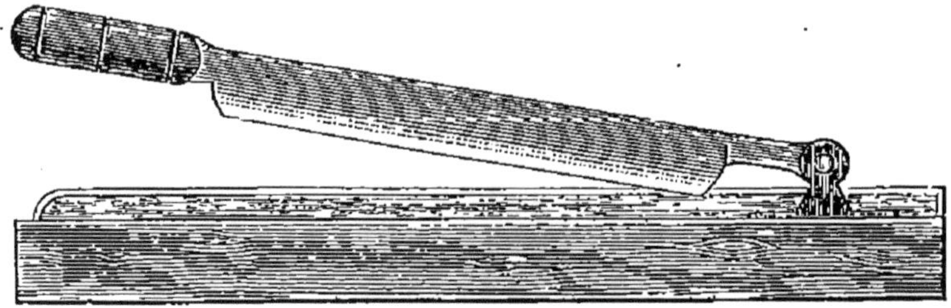

Coupe-feuilles (section).

et on la pousse d'une main sous le couteau, tandis que de l'autre on met celui-ci en mouvement.

Il est peu de maisons de cultivateurs où l'on ne trouve un de ces utiles appareils. Dans le cas où l'on n'en aurait pas, une planche et un gros couteau bien aiguisé peuvent le remplacer. Il existe plusieurs systèmes de coupe-feuilles, tous plus ingénieux, mais aussi tous plus chers les uns que les autres. Celui dont nous nous occupons, et qui suffit pour une petite éducation, coûte 5^{fr}.

3. *Thermomètre.* — Le thermomètre à liquide, le seul que nous ayons à étudier, est un instrument destiné à mesurer des chaleurs moyennes (*fig.* 18). Les deux plus répandus en France sont le thermo-

Fig. 18.

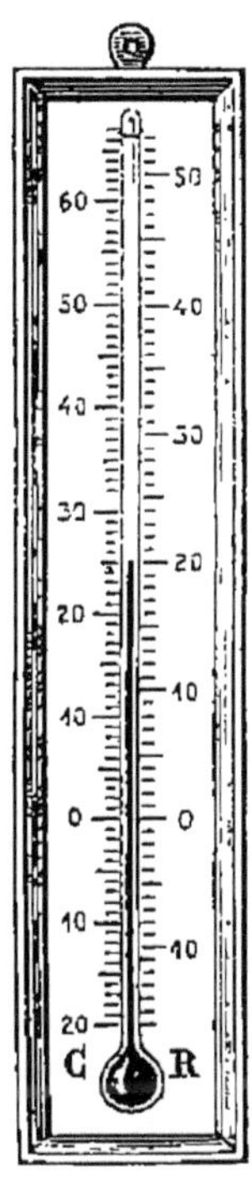

Thermomètre à liquide.

mètre Réaumur (R.) et le thermomètre centigrade (C.). Ils reposent sur ce principe de physique que « *tous les corps se dilatent sous l'influence de la chaleur et se contractent au contraire sous l'action du froid.* » Ils se composent d'un tube de verre à l'extrémité duquel on a soufflé une boule creuse que l'on remplit d'alcool coloré ou de mercure. Ce tube est fixé au moyen de deux agrafes sur une planchette graduée de la manière suivante : on plonge le tube dans de la glace fondante, le liquide se contracte et l'on marque o° à l'endroit où il s'arrête ; on le plonge ensuite dans de l'eau bouillante, le liquide se dilate, et à l'endroit où il s'arrête on marque 80 si l'on veut faire un thermomètre Réaumur, et 100 si l'on veut construire un thermomètre centigrade. On divise l'intervalle ainsi obtenu en 80 ou 100 parties égales qu'on appelle *degrés* (°). Le thermomètre Réaumur, qui tire son nom de son inventeur, physicien du xviiie siècle, est encore employé aujourd'hui dans beaucoup de magnaneries ; mais, depuis l'établissement du système métrique, le thermomètre centigrade est le plus usité.

Les thermomètres que l'on vend chaque année dans les villages, à l'approche de la campagne séricicole, coûtent de o^{fr},75 à 1^{fr} ; ils ne sont pas, il est vrai, d'une justesse irréprochable, mais ils peuvent cependant suffire.

4. *Hygromètre*. — L'hygromètre sert à mesurer l'humidité ou la sécheresse de l'air. Cet instrument, d'une grande utilité dans les magnaneries, repose sur la propriété qu'ont certains corps organiques ou chimiques de s'allonger ou de se raccourcir selon le degré de sécheresse ou d'humidité. Le plus répandu est l'hygromètre de *Saussure* (*fig.* 19). Il

se compose d'une planchette qui supporte une
aiguille autour de laquelle est enroulé un cheveu dégraissé retenu de l'autre côté au sommet de

Fig. 19.

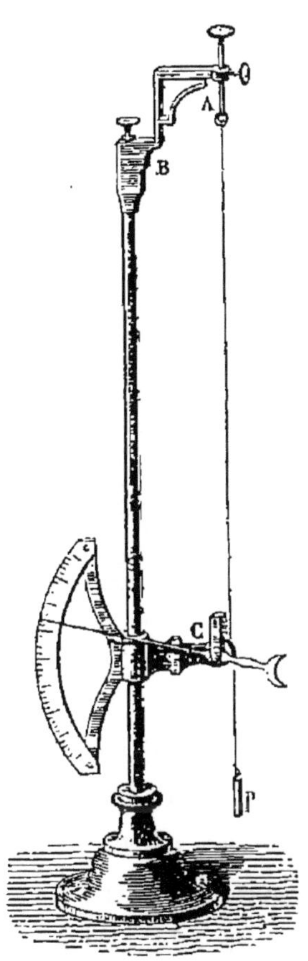

Hygromètre.

la planchette. Cette aiguille, dont la queue est
munie d'un petit poids, se meut sur un cadran
gradué de 0° sécheresse à 100° humidité. Si
l'atmosphère d'un appartement est humide, le

5

cheveu s'allonge et la queue de l'aiguille, cédant au petit poids, descend, tandis que la pointe remonte et indique sur le cadran le degré d'humidité ; le contraire a lieu si l'atmosphère est sèche.

L'hygromètre de Saussure, muni d'un thermomètre centigrade, coûte 10^{fr} chez tous les opticiens.

5. *Tiroir à déliter.* — Le tiroir à déliter (*fig.* 20) se compose d'une planche de 0^m,30 de largeur

Fig. 20.

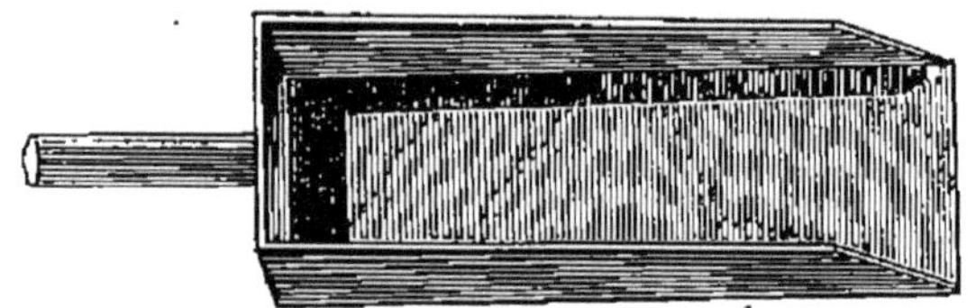

Tiroir à déliter.

sur 0^m,45 de longueur, munie à l'une de ses extrémités d'une poignée par laquelle on la saisit, et ayant sur trois de ses côtés un bord de 0^m,05 de haut. Le côté opposé à la poignée n'a pas de bord, puisque c'est par là que doit glisser le papier percé. (Voir ci-dessous, § *Délitement*). Ces tiroirs, que l'on peut faire soi-même, coûtent, quand on les achète, 0^{fr},75 pièce.

6. *Sachettes.* — Les sachettes (*bassaquetos* en prov.) sont des poches en toile (*fig.* 21) dans les-

quelles on cueille la feuille et qui servent aussi à
la distribuer aux vers. Pour les confectionner, on
se procure chez les boulangers des saches ayant
contenu de la farine; on les coupe de tous les côtés
de manière à obtenir deux morceaux de toile égaux
de $0^m,65$ de large sur $1^m,20$ de long chacun, les
saches ayant généralement ces dimensions. On
replie ensuite chaque morceau sur lui-même en
laissant un des côtés plus long que l'autre d'envi-

Fig. 21.

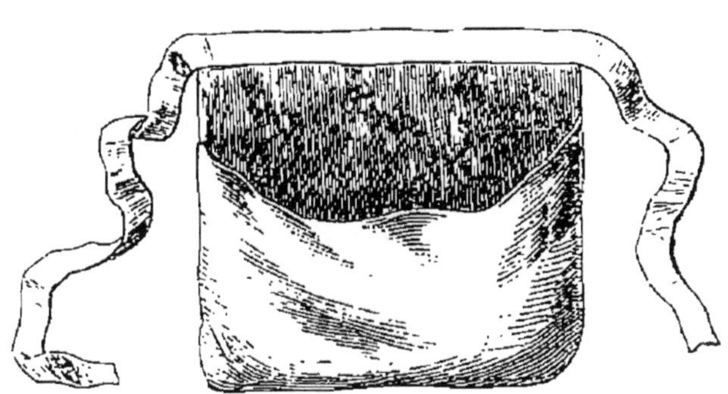

Sachette.

ron $0^m,10$, et l'on coud solidement les deux bords
latéraux. On obtient ainsi une poche de $0^m,55$ de
profondeur sur $0^m,65$ de largeur qui s'ouvre d'elle-
même. On borde l'espace de $0^m,10$ que l'on a laissé
au-dessus de la poche avec une attache en fil écru
de 1 mètre de long qui sert à fixer la sachette au
cou ou à la ceinture comme un tablier. Avec une
sache qui coûte 1^{fr}, on fait donc deux sachettes qui
durent plusieurs années.

III. — DÉLITEMENT.

On nomme *délitement* l'opération qui consiste à séparer des vers le fumier, dont l'humidité et les miasmes nuisent profondément à leur santé.

Le système jadis employé par chacun, mais que tout sériciculteur intelligent rejette aujourd'hui, consistait à donner aux vers des feuilles que l'on enlevait avec la main dès qu'elles étaient couvertes de ces insectes. Il fallait voir, dans les grandes éducations où l'on était obligé de louer des ouvriers, le peu de soins qu'ils mettaient à se saisir des malheureux vers. Les prenant à pleines mains, ils en écrasaient la moitié, et, si ces opérations se renouvelaient souvent, on arrivait à la récolte avec des résultats insignifiants, malgré la santé parfaite des vers. C'est ainsi qu'une récolte de 20 à 25^{kg} de cocons par once de graines était considérée comme très-belle.

D'autres éducateurs, et c'étaient les plus avancés dans la voie du progrès, se servaient d'un filet de lin à mailles très-petites et de la dimension d'une claie qu'ils étendaient sur les vers à déliter. Ils donnaient deux repas de feuilles. Lorsque tous les vers avaient passé à travers les mailles pour venir manger, deux personnes prenaient le filet, chacune d'un côté, et le portaient sur une claie propre. Pendant le trajet, tous les vers se ramassaient à cause du peu de résistance qu'offrait le tissu au

poids dont il était chargé, et dans cette accumulation, les vers se blessaient entre eux.

Tels étaient les moyens défectueux en usage,
lorsque M. Eugène Robert (de Sainte-Tulle), sériciculteur d'un profond savoir et d'une grande habi-
leté, eut l'ingénieuse idée de percer du papier
avec un emporte-pièce et de le faire servir au délitement des vers à soie. Grâce à cette invention,
qui est un des plus grands bienfaits que l'on ait
rendus à l'art séricicole, les délitements s'opèrent
avec beaucoup plus de rapidité qu'autrefois et sans
toucher un seul ver.

Nous indiquerons plus loin les moyens de se procurer ce papier ; nous nous bornerons, pour le moment, à en étudier l'usage.

Après avoir, comme nous l'avons dit au § II du
précédent Chapitre, posé les claies sur des bâtons
fixés dans le mur ou sur des étagères, on les recouvre de papier ou de paille, — précaution nécessaire pour empêcher les vers de tomber par les
intervalles que laissent forcément quelques roseaux
entre eux, — et l'on y dépose les vers auxquels on
donne à manger. Lorsqu'ils y ont séjourné quelque
temps, leurs déjections mêlées au résidu des feuilles
forment un fumier qu'il est nécessaire d'enlever,
pour que ses émanations n'altèrent pas la santé des
vers. Pour cela, au moment de distribuer un repas,
on prend des morceaux de papier percé, de $0^m,30$
de large sur $0^m,45$ de long, que l'on applique sur les
vers. On répand la feuille sur ce papier, et on les

5.

voit aussitôt s'engager à travers les trous pour venir manger. Mais, comme il peut arriver que quelques-uns d'entre eux n'aient fait que passer la tête pour prendre la nourriture, on attend d'avoir donné un second repas pour opérer le délitement. Tous les vers sont alors sur le papier, et, s'il en reste quelques-uns sur la litière, on doit les rejeter, car il est à supposer qu'ils sont malades. Lorsqu'on veut déliter, on prend chacun des côtés du papier percé que l'on dépose sur le tiroir, et on le porte ainsi sur une claie bien propre où on le quitte en le faisant glisser du tiroir et en le laissant sous les vers, qu'ainsi l'on ne touche pas. Ceux-ci devant être autant espacés que possible sur les claies, on met, chaque fois qu'on délite, le papier dans le sens de sa longueur, de manière à former une bande au milieu de la claie, et, à partir de la troisième mue, on ménage entre chaque papier un petit espace d'environ $0^m,05$. Si, parmi les vers qui restent sur les lits, on croit en voir quelques-uns de vigoureux, on peut les transporter sur une claie mise à part pour cet usage ; mais on commettrait une faute en les mêlant aux autres, car un seul ver malade suffit souvent pour contaminer une grande partie de l'éducation.

On fabrique aujourd'hui du papier spécialement destiné à recouvrir les claies. Il est très-fort, bien collé et sans fin, c'est-à-dire que c'est un long rouleau dont on coupe des morceaux de la longueur des claies sur lesquelles on les étend. Ce papier est très-commode pour enlever les litières, puisqu'une personne seule, un enfant même, peut rouler celle d'une claie entière dans ces feuilles de papier. L'opération se fait rapidement et sans poussière, ce qui est un point d'une importance capitale, puisque la contagion des vers s'opère surtout par les poussières, contenant presque toujours des corpuscules ou des vibrions qui, après avoir voltigé dans l'air, se déposent sur les feuilles qu'ils doivent manger.

En employant l'ancien système, qui consiste à mettre sur les claies de la paille ou de la bauque, on est obligé, lorsqu'on veut enlever le fumier après les mues, ou de porter les claies au dehors, ce qui est très-long et, de plus, très-fatigant, ou d'amasser la litière au milieu de la claie pour l'enlever avec les mains et la jeter dans un panier. Dans ce dernier cas, quelles que soient d'ailleurs les précautions prises, il est impossible de ne pas faire beaucoup de poussière. L'emploi du papier pour couvrir les claies ne saurait donc être trop recommandé.

Ce papier coûte $0^{fr},45$ le kilog. : il en faut par claie de 300 à 325^{gr}, soit une dépense de $0^{fr},15$ à $0^{fr},20$.

Le même papier, percé en fabrique de trous de $0^{m},01$ pour les premiers âges et de $0^{m},02$ pour les autres, sert pour les délitements. A cet effet, on coupe des morceaux de la dimension des tiroirs à déliter, et l'on opère comme il a été dit plus haut.

Ce papier coûte 1^{fr},25 le kilog. : il en faut, par claie, 250^{gr} environ.

On peut réduire de beaucoup la dépense en perçant le papier soi-même pendant les longues soirées d'hiver ou les jours de pluie. Pour cela, on achète, à raison de 0^{fr},30 ou 0^{fr},35 le kilogramme, du papier gris, fort, de celui dont se servent les marchands de comestibles, qui est exactement de la

Fig. 22.

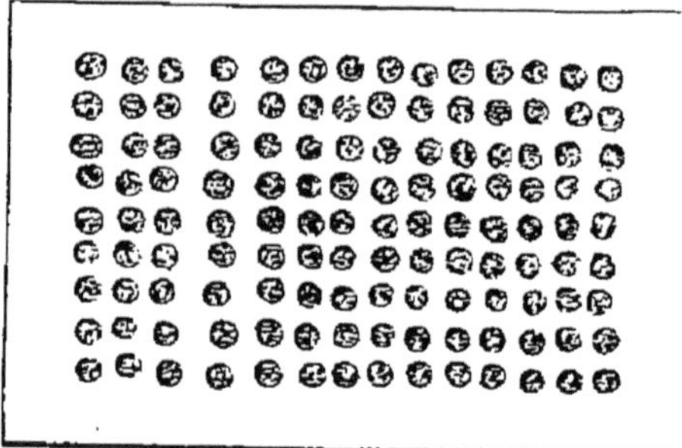

Papier percé.

grandeur voulue. On se procure, en outre, deux emporte-pièces, l'un faisant un trou de 0^{m},007 pour les premiers âges, l'autre de 0^{m},015 pour les âges suivants. Ces emporte-pièces, que l'on trouve tout faits chez la plupart des quincailliers à raison de 0^{fr},75 et 1^{fr}, percent l'épaisseur d'une main de papier et durent plusieurs années.

Lorsqu'on fait les trous (*fig.* 22), on laisse de chaque côté une marge d'un ou deux travers de doigt sans trous, pour pouvoir, au moment où l'on délite, prendre le papier et le poser sur le tiroir sans toucher les vers. Quand la main de papier gris est percée, on la coupe par le milieu, de manière à former 48 feuilles simples. Il faut 12 de ces feuilles, soit $\frac{1}{4}$ de main, pour couvrir une claie de $2^m,5o$, soit un poids de 125 à $15o^{gr}$ et une valeur de $o^{fr},o5$ ou $o^{fr},o6$, soit encore environ $o^{fr},o2$ par an, ces papiers durant au moins trois ans.

On peut remplacer le papier sans fin destiné à couvrir les claies par de vieux journaux que l'on achète à vil prix chez les imprimeurs et que l'on colle les uns à la suite des autrés pour former la longueur des claies.

Ces divers papiers, percés ou autres, quels qu'ils soient, peuvent servir pendant plusieurs annécs si on les soigne et si, avant chaque éducation, on les soumet à la fumigation de soufre, dont nous parlerons au Chapitre V, § I.

En résumé, cette méthode de délitement à l'aide du papier percé, dont l'invention date de plus de trente ans, offre aux sériciculteurs des avantages si grands et si évidents, que l'on ne peut comprendre l'obstination d'un grand nombre d'entre eux à ne pas s'en servir.

Nous venons de voir, en effet :

1° Que la dépense nécessitée chaque année par ce système est presque insignifiante, et, du reste, largement couverte par un rendement bien plus considérable en cocons, et l'économie de main-d'œuvre ;

2° Que le délitement a lieu sans toucher un seul ver, pas plus que le fumier;

3° Que cette opération se fait dans les $\frac{2}{3}$ moins de temps que par l'ancien système; avantage immense, puisque c'est surtout au cultivateur que l'on peut appliquer l'axiome anglais « *time is money* : le temps, c'est de l'argent »;

4° Enfin que les vers malades restent sur la litière et diminuent ainsi les chances de contagion.

Cette méthode mérite donc tous les suffrages, et cependant nous rougissons d'avouer que c'est encore la moins répandue, tant il est difficile d'extirper les errements et les préjugés de la routine, dans un siècle de progrès !

CHAPITRE V.

CONSEILS GÉNÉRAUX POUR TOUTE L'ÉDUCATION.

I. — NETTOYAGE DE LA MAGNANERIE.

Aux approches de l'éducation, on doit nettoyer à fond la magnanerie et tous les ustensiles pour éviter, autant que possible, la contagion des maladies régnantes. Ainsi, à moins que le local et les objets ne servent pour la première fois, on doit :

1° Désinfecter l'atelier pendant vingt-quatre heures toutes ouvertures fermées, avec des morceaux de soufre brut en bâtons que l'on fait brûler à raison de 1^{kg} pour 10^m de superficie ;

2° Blanchir les murs et le plafond avec un lait de chaux très-fort ;

3° Soumettre tout le mobilier à la fumigation de soufre dont il vient d'être parlé. Entasser, dans ce but, toutes les claies les unes sur les autres en appuyant les premières sur des pierres ou autres objets, qui les tiennent un peu relevées et brûler le soufre en dessous, de manière que l'acide sulfureux qui se dégage passe à travers le tas entier. On doit, avant l'opération, boucher soigneusement toutes les ouvertures pour que le gaz ne s'échappe pas. Douze ou vingt-quatre heures après, ou même plus tard, on ouvre du dehors tout ce que l'on peut ouvrir, et, lorsque l'air a suffisamment pénétré pour que l'on puisse y entrer soi-même sans danger, on débouche les ouvertures intérieures (1);

4° Laver le sol avec du lessif mélangé à de la potasse.

Durant toute l'éducation, l'atelier doit être d'une grande propreté, et cependant il ne faut jamais balayer. Nous avons vu que la contagion avait lieu surtout par les poussières ; or, si doucement que l'on aille avec un balai, il est impossible de ne pas en soulever. On se sert donc d'un linge mouillé ou simplement humide que l'on passe sur le sol. (M. Pasteur, *Études sur la maladie des vers à soie*, t. I, p. 211.)

II. — OBSERVATIONS DIVERSES.

On doit toujours commencer les éducations de bonne heure, surtout si l'on élève les vers pour

---

(1) Plusieurs personnes conseillent de badigeonner le mobilier à l'aide d'un pinceau de maçon avec un mélange de 1 volume d'acide sulfurique pour 6 volumes d'eau, ou bien encore 1 volume d'acide muriatique (chlorhydrique) pour 3 volumes d'eau. Nous avons employé ces compositions : elles ont brûlé les ficelles des claies qu'il a fallu refaire entièrement. Nous avons alors abandonné ce système pour la fumigation de soufre, qui n'offre pas cet inconvénient.

en obtenir de la graine. Il faut qu'ils montent quand ceux des autres éducations n'ont pas encore passé la quatrième mue. De cette manière, les miasmes que le vent apporte des magnaneries voisines n'ont plus aucun effet sur leur santé.

Dans un atelier où l'on élève 2 onces de graines, il faut placer trois thermomètres de distance en distance et à diverses hauteurs et les surveiller fréquemment pour que la chaleur soit uniforme. Il est de toute nécessité que l'on soit maître des appareils de chauffage pour augmenter ou diminuer à volonté la température.

Des vers malades, élevés dans le même appartement que des vers sains, bien qu'à l'extrémité opposée de la chambre, peuvent donner la maladie à ces derniers, qui produisent cependant une bonne récolte, mais dont les papillons pondront des graines infectées. Cela vient de ce que les déjections des vers malades, contenant un grand nombre de corpuscules, tombent sur le sol où elles se broient, sont soulevées en poussière par les personnes qui passent et vont se déposer sur les feuilles que les vers mangent ensuite.

L'infection se propage à de grandes distances, si les mêmes personnes soignent des vers sains et des vers malades. Il est donc très-important de ne pas faire de poussière en délitant. Il faudrait, surtout si l'on élève une partie des vers pour les faire grainer, qu'une personne fût exclusivement chargée d'eux et n'eût aucun rapport avec le reste de l'éducation. On devrait alors les séparer et charger quelqu'un d'expérimenté d'enlever tous les vers suspects ou seulement plus petits que les autres. Ne perdons pas de vue qu'un seul ver malade peut en contaminer des milliers et compromettre ainsi le résultat de la récolte.

Pour éviter les cas accidentels de flacherie, il est urgent que l'air se renouvelle facilement dans la magnanerie. A défaut de vent, ou si celui du midi, toujours chargé d'humidité, soufflait, on devrait fermer toutes les ouvertures placées au sud, ouvrir les autres et provoquer ce renouvellement par des feux de flamme sans fumée. L'air, ainsi chauffé, se dilatera et, s'échappant par une des ouvertures du toit, sera remplacé par l'atmosphère extérieure rafraîchie par les courants.

On diminue aussi les chances de contagion en espaçant les vers, surtout dans leur jeune âge, car le mélange de ceux qui sont sains et de ceux qui sont *flats* est, pour ainsi dire, sans effet sur la mortalité quand il a lieu après la quatrième mue.

Les Chinois, qu'il est toujours utile de citer, conseillent à la personne chargée de soigner les vers à soie « de porter un vêtement léger, sans doublure et de régler la température de l'appartement d'après la sensation de chaud ou de froid qu'elle éprouvera en y entrant ». — « Le renouvellement de l'air doit être tel qu'il en résulte une impression agréable pour notre propre respiration. Jamais d'air étouffé, lourd, pénible à respirer, ou chargé d'odeurs mal-

saines; celle du tabac est surtout proscrite. »
(PASTEUR, t. I, p. 263.)

La chaleur, au moment des mues, doit être plutôt diminuée qu'augmentée, parce que le ver, ne mangeant rien, n'a pas besoin d'excitation, elle lui est même nuisible. On peut donc faire descendre le thermomètre de 1 degré R; c'est surtout pendant ces crises qu'il faut éviter tout brusque changement de température.

Il faut accroître chaque jour la surface occupée par l'éducation, soit en délitant souvent, soit en rapprochant, à chaque repas, la feuille du bord des claies. Les vers s'étendent alors d'eux-mêmes pour chercher leur nourriture.

M. Pasteur (t. II, p. 169) a expérimenté que des vers prédisposés à la pébrine, élevés dans des boîtes de carton revêtues de leur couvercle, c'est-à-dire à peu près privés d'air, ont tous été corpusculeux, tandis qu'il a tout lieu de croire que la même graine élevée avec renouvellement d'air aurait fourni beaucoup de papillons complétement exempts de corpuscules.

Une aération convenable est donc un préservatif de la pébrine et de la flacherie accidentelles ; mais elle ne résulte pas toujours, comme beaucoup de personnes le croient, de l'ouverture des fenêtres. Bien souvent, c'est une faute que d'agir ainsi. On entend particulièrement par aération le renouvellement de l'air, pour lequel il faut savoir ouvrir ou fermer à propos les trappes et les fenêtres, faire des feux de flamme, etc., etc. Si, par exemple, la température est chaude, lourde, il n'entrera pas d'air frais par les fenêtres ou par les ouvertures des toits, que l'on ferme alors soigneusement, à moins que l'on n'allume des feux de flamme. A part ce cas, on n'ouvrira donc que les ouvertures situées au ras du sol. De même, si le *mistral* souffle, l'air pénétrant toujours assez, on ferme toutes les issues de la magnanerie, et l'on ne s'occupe que d'entretenir une chaleur convenable.

Enfin on ne doit jamais oublier qu'il faut :

Déliter en temps utile ;

Éviter la poussière ;

Éloigner le fumier de la magnanerie ;

Enlever tous les vers malades ou morts ;

Et donner beaucoup d'air, de l'air pur, sans miasmes, que l'on respire soi-même volontiers. (M. Pasteur, t. II, p. 173 et suivantes.)

III. — NOURRITURE DES VERS A SOIE.

Le choix de la nourriture est très-important : nous avons dit précédemment (Chap. Ier) que l'on devait préférer la feuille des *sauvageons,* des mûriers non taillés depuis longtemps, de ceux qui croissent sur les hauteurs, parce que leurs feuilles sont moins aqueuses ; nous ajouterons quelques mots à ces observations.

La nature a voulu que, dès qu'un être quelconque prend naissance, il trouvât une nourriture conforme à la faiblesse de ses organes, ce qui a fait dire à la *Sagesse des nations provençales* : « *neissé un magnan, neissé uno fueilho*, quand un ver à soie naît, la feuille qui doit le nourrir naît aussi ». Chacun comprend donc que l'âge de la feuille doit être en rapport avec celui de la chenille, et qu'une feuille dure, trop nutritive, ne saurait convenir à un insecte qui vient de naître, dont le museau n'a pas encore beaucoup de force, et dont l'estomac n'a pas acquis l'habitude d'une nourriture trop substantielle. Il faut donc alimenter les jeunes vers avec de jeunes feuilles et les plus âgés avec des feuilles mûres.

On doit aussi éviter avec soin de donner aux vers une feuille trop fraîche, ou mouillée par la rosée ou par la pluie, ou enfin une feuille *échauffée,* — selon l'expression commune, — car c'est pour eux surtout que l'on peut dire, en parodiant légèrement Boileau,

Qu'un dîner échauffé ne valut jamais rien !

Nous avons déjà dit que la fermentation de la feuille donnait naissance à des organismes, dont le développement déterminait rapidement la flacherie. Vingt-quatre ou trente-six heures suffisent à la feuille trop entassée pour faire naître des vibrions ; on doit donc, lorsque l'on en a une assez grande quantité en magasin, la remuer souvent avec les bras ou avec une fourche en bois. *Il vaudrait mieux laisser jeûner les vers pendant vingt-quatre*

6.

heures, que leur donner un aliment en fermen-
tation.

Dans la Provence, on va souvent acheter la feuille sur des marchés. C'est là surtout qu'il faut, par un sérieux examen de la marchandise, s'assurer qu'elle n'est pas *échauffée*. Nous avons vu des marchands sans conscience vendre des trousses de feuille dont le dessus et le dessous paraissaient frais, tandis que le milieu était littéralement pourri et contenait déjà, examiné au microscope, tous les germes de la flacherie. La feuille qu'on achète doit être verte et procurer une sensation de fraîcheur à la main que l'on introduit dans la trousse.

Nous avons toujours éprouvé les meilleurs résultats en ne donnant aux vers que la feuille qui séjournait, depuis un moment déjà, dans l'atelier même, dont elle avait pris la température.

Nous ne saurions trop engager les éducateurs à accorder aux observations qui précèdent, toutes sanctionnées par l'expérience, plusieurs même extraites de l'Ouvrage de M. Pasteur, l'importance qui leur est due.

CHAPITRE VI.

ÉDUCATION.

I. — DESCRIPTION DU VER A SOIE.

C'est ici que commence à paraître cet insecte dont, jusqu'à présent, nous nous sommes tant occupés sans le connaître. Avant de passer à la manière de l'élever, il est nécessaire que nous sachions à qui nous allons avoir affaire, pour ne

Fig. 23.

Ver à soie (*Bombyx muri*).

pas être arrêtés, au premier pas, par des phénomènes que nous ne saurions nous expliquer.

Le *ver à soie* (*fig.* 23), *bombyx muri* des naturalistes, *magnan* des Provençaux, d'où *magnanerie,* appartement où on les élève, et *magnanier,* celui qui les élève, est originaire de la Chine, d'où il a été importé en même temps que l'arbre qui le nourrit. Son corps se compose de douze anneaux membraneux parallèles, qui, dans les mouvements de l'animal, s'éloignent et se rapprochent comme un morceau de gomme élastique que l'on allonge à volonté et qui reprend sa position. Il a seize pattes ; les six premières, de substance écailleuse et pointues, sont fixées deux par deux sous chacun des trois premiers anneaux dont l'excroissance forme la tête, et ne sont douées que d'un mouvement de va-et-vient ; elles ne peuvent s'allonger ni se raccourcir sensiblement. Les dix autres sont membraneuses, flexibles et attachées également deux par deux sous les cinq derniers anneaux : elles sont plates, munies de petits crochets et fixent les vers sur les objets en agissant comme des ventouses. La mâchoire est armée de dents semblables à celles d'une scie, qui ont une force considérable comparativement à la grosseur de l'insecte dont la bouche est verticale au lieu d'être horizontale. Il *respire* et *transpire* par dix-huit ouvertures que l'on nomme *stigmates* et qui apparaissent sur le corps de l'animal comme autant de points noirs. Les premiers sont situés sur l'anneau qui vient immédiatement après le museau et semblent, tout d'abord, être les yeux du ver ; les seconds se trouvent sur le quatrième anneau. A partir de là, ils sont régulièrement placés sur chaque anneau jusqu'à l'avant-dernier qui est surmonté d'une espèce de queue. Enfin, les deux ouvertures par lesquelles il fait sortir la matière soyeuse de ses réservoirs, et que l'on nomme *filières,* sont placées au-dessous de la mâchoire. Elles sont extrêmement petites, puisque le mince fil de soie que le ver dépose est formé par la réunion de deux fils, un pour chaque filière.

Le ver à soie, comme du reste tous les insectes de sa classe, passe, durant sa vie, par trois transformations successives : *larve* d'abord, il forme aux derniers jours de son existence une enveloppe soyeuse appelée *cocon,* dans laquelle il devient *chrysalide,* et d'où il sort peu de temps après à l'état de *papillon.*

A l'état de chenille, il subit régulièrement diverses crises que l'on a divisées en *âges :* ces crises consistent en un changement de peau appelé *mue.* Chacun comprendra sans peine la nécessité de ces *mues* en sachant que le ver doit être, au moment où il va construire son cocon, quarante fois plus gros qu'à sa naissance. Il serait, en effet, impossible à la première peau d'avoir assez d'élasticité pour arriver à une pareille dilatation. Le ver, pendant ces crises, est complétement immobile et refuse toute nourriture, ce qui a fait croire pendant long-temps qu'il dormait et que le changement de peau s'opérait pendant son sommeil. Mais on sait aujourd'hui que la mue est une véritable maladie pour lui : s'il ne mange pas, c'est que sa peau, arrivée à sa plus grande dilatation, ne saurait contenir plus de nourriture et son immobilité est rendue nécessaire par la roideur même de cette peau.

Bien que ces faits soient maintenant connus de tous ceux qui se sont occupés de sériciculture, les magnaniers n'en continuent pas moins à dire « mes vers *s'endorment* ou se *réveillent* de la première, de la deuxième mue ». Ces expressions étant encore les seules actuellement usitées, nous avons cru devoir nous en servir dans le cours de cet Ouvrage, nous bornant à constater leur inexactitude.

La larve passe par quatre mues successives.

Fig. 24.

Chrysalide.

A l'état de *chrysalide* (*fig.* 24) que l'on peut considérer comme une mue, le ver n'est déjà plus reconnaissable : il est rouge, court, et son corps pointu est immobile comme pendant une de ces crises. Il se prépare à devenir insecte parfait. Cette transformation s'opérant à l'intérieur du cocon, nous n'avons pas à nous en occuper pour le moment, nous y reviendrons.

Enfin, à l'état de *papillon* (*voir Pl. VI*, p. 104), l'insecte devenu parfait ne songe plus qu'à perpétuer son espèce. Le grand acte de la reproduction accompli, le papillon ne tarde pas à mourir, mais sa race lui survivra : il a pondu ou fécondé de quatre cent à quatre cent cinquante petits œufs, si petits mêmes, qu'on leur a donné le nom de *graines.*

II. — INCUBATION DE LA GRAINE.

Nous avons dit plus haut qu'il fallait hâter l'éclosion des vers, qui, dans un âge avancé, auront de cette manière beaucoup moins de chances d'être contagionnés par les poussières infectées que le vent apporte des magnaneries voisines. C'est là une excellente méthode. Aussi, dès que les mûriers ont, au sommet de leur tige, des feuilles grandes comme une pièce de 1^{fr}, doit-on s'empresser de mettre les graines dans la couveuse. Dès que l'on voit des bourgeons paraître, on retire la graine de l'appartement froid où elle a passé l'hiver et on la porte dans une chambre exposée au midi ; on l'y laisse jusqu'au moment où, la feuille étant assez grosse, on la met, comme nous l'avons dit, dans la couveuse. Sous l'appareil (*fig.* 13, 14, 15, 16) placé dans une chambre à coucher, afin de pouvoir le surveiller pendant la nuit, on allume une veilleuse sur laquelle on place un trépied supportant une assiette d'eau dont la vapeur est nécessaire aux graines pendant l'incubation. On peut faire construire pour cet usage, moyennant $0^{fr},50$, un petit réservoir en fer-blanc de $0^{m},15$ de diamètre sur $0^{m},05$ de bord, monté sur trois pieds en fil de fer de $0^{m},30$ de hauteur. On règle la chaleur des couveuses au moyen du couvercle, que l'on enlève entièrement s'il fait trop chaud; et que l'on remet peu à peu, dans le cas contraire, jusqu'à ce que l'on arrive au degré voulu. Si une veilleuse ne suffit pas, on en met deux dans le même verre. Quand le thermomètre que l'on a mis dans le tambour sur la séparation en toile marque 13° R. ou 16° C., on peut y mettre la graine. Pour cela, on la place en couche *excessivement* mince dans de petites boîtes en carton ou en bois (*massepains*) et l'on dépose au-dessus de la graine des morceaux de canevas ou mieux de *tulle* de la dimension des boîtes et dont les trous réguliers serviront de passage aux vers. Le *tulle,* dont les trous ont environ 0^m,002, est bien préférable au papier percé avec des ciseaux.

On augmente chaque jour la chaleur de 1° :

Le 1er jour..... 13° R. ou 16° C.
2e » 14 17
3e » 15 18
4e » 16 19
5e » 17 20

Le cinquième jour à 17° R. ou 20° C., les vers doivent naître; on laisse alors le même degré de chaleur jusqu'à leur complète éclosion, c'est-à-dire ordinairement pendant trois jours. Si un accident atmosphérique retardait la végétation des mûriers, et que l'on eût déjà mis la graine dans la couveuse, on pourrait retarder l'éclosion de quel-

coque après l'éclosion
gross.^t de 9.

ver corpusculeux à l'éclosion
$\frac{9}{1}$

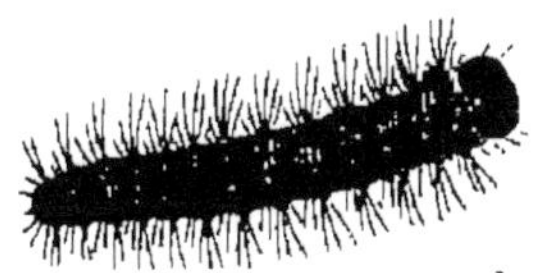

ver sain à l'éclosion
$\frac{6}{1}$

ver à l'éclosion
et sa coque.

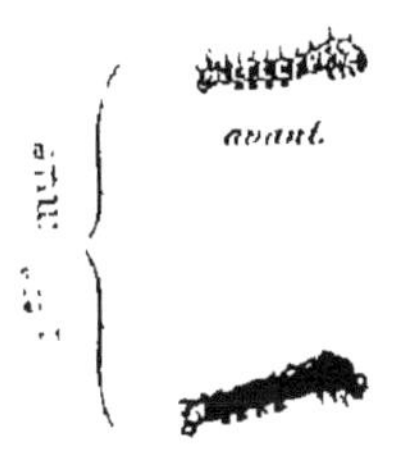

avant.

après.

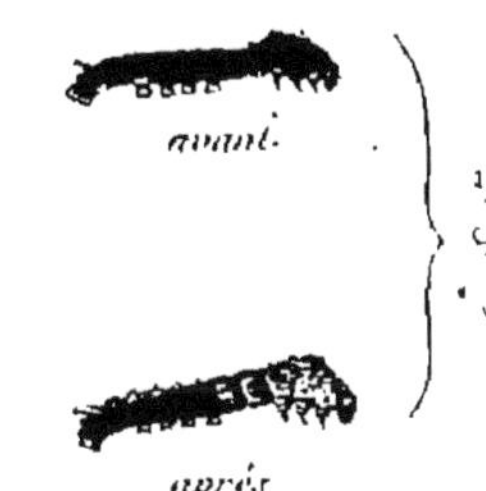

avant.

après.

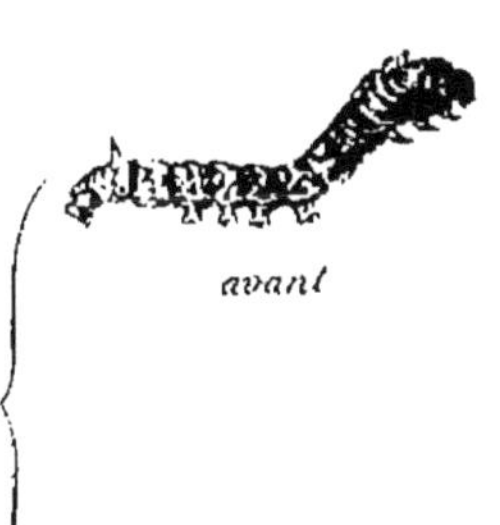

avant

après.

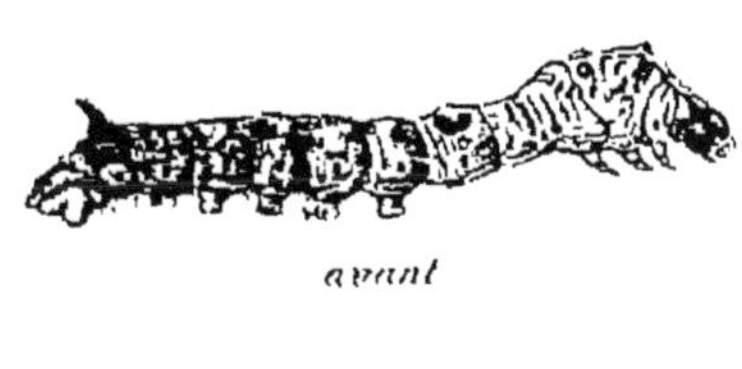

avant

après.

ques jours en maintenant la température au même degré, mais il ne faudrait pas la laisser tomber plus bas.

III. — ÉCLOSION OU PREMIER AGE.

Le premier âge des vers embrasse l'intervalle compris entre leur naissance et leur première mue inclusivement, soit un laps de cinq jours.

Les vers (*Pl. V*) éclosent surtout de 4 à 10^h du matin ; il en naît cependant quelques-uns dans la journée. Quand on voit les petits insectes noirs très-poilus marcher en tous sens sur le tulle à la recherche de la nourriture, on y dépose des bourgeons de mûrier que l'on retire, dès qu'ils sont couverts de chenilles, pour les porter sur les claies. On appelle cette opération *une levée*. On fait plusieurs levées par jour, que l'on met séparément sur une feuille double de papier gris, où l'on répand auparavant un peu de feuille coupée, pour que les vers qui se trouvent dessous puissent manger. L'égalité des vers étant nécessaire pour éviter beaucoup de peine dans le cours de l'éducation, il faut les égaliser dès leur naissance. Dans ce but, on place les derniers venus aux claies les plus hautes, puisque chacun sait que la chaleur tend toujours à monter, et que c'est un puissant agent pour hâter la croissance des vers. On leur donne, en outre, un ou deux repas de plus qu'aux premier-nés. Par ce moyen, ceux-ci sont vite atteints, et les vers, une fois égaux, s'endormiront et se réveilleront tous en même temps, ce qui évite à l'éducation de grands tracas.

Ainsi, aux levées du premier jour, les claies les plus basses et trois repas de feuille mondée et coupée : le premier à 5^h du matin, le deuxième à midi, le troisième à 8^h du soir; — aux levées du deuxième jour, les claies du milieu et quatre repas de feuille mondée et coupée : le premier à 5^h du matin, le deuxième à 10^h, le troisième à 3^h et le quatrième à 8^h du soir ; — enfin, aux levées du troisième jour, les claies les plus hautes et cinq repas de la même feuille : le premier à 5^h du matin, le deuxième à 9^h, le troisième à 1^h, le quatrième à 5^h du soir et le cinquième à 9^h. Par ce moyen, on égalise les vers en peu de temps.

La feuille *mondée* est celle dont on a détaché les mûres et tout ce qui ne fait pas partie intégrante de la feuille. On la coupe, parce que les vers dont la mâchoire, comme nous l'avons dit, est verticale mangent les feuilles par les bords : il faut donc multiplier ceux-ci le plus possible.

Il importe de jeter ou tout au moins de séparer des autres les rares vers qui viennent les premiers ainsi que la *queue*, comme l'on dit, c'est-à-dire les derniers nés du dernier jour : les premiers, parce qu'ils seront toujours en avance sur les autres; les derniers, parce qu'ils sont plus faibles que les autres à coup sûr, et, peut-être, malades.

Il convient de laisser les vers dans un appartement voisin de celui de l'éclosion, au moins jusqu'au sortir de la première mue.

Cinq ou six jours après leur naissance, les vers doivent commencer leur première mue ; avec une loupe, on voit alors ceux d'entre eux qui vont s'endormir déposer sur les objets qui les entourent, débris de feuilles ou autres, de petits fils de soie. Ces fils sont destinés à retenir leur peau, quand le moment de s'en dépouiller sera venu ; en effet, quand ils s'éveillent, on les voit sortir peu à peu de l'ancienne peau, qui reste fixée aux objets environnants. Ils paraissent d'abord moins nombreux : cela tient à ce que, beaucoup d'entre eux ayant commencé la mue avant les autres, on a accumulé la feuille de plusieurs repas. Les vers qui subissent leur première crise ou qui dorment, comme l'on dit improprement, ont la peau très-luisante, roide. La tête, noire, paraît grosse parce qu'elle est repliée sur elle-même et un peu relevée ; ils ne font aucun mouvement. A cet âge, leur épiderme se montre déjà sensiblement blanc, tandis qu'à leur naissance il semblait noir à cause de la grande quantité de poils qui le recouvraient. Comme ils ont déjà beaucoup grossi, les poils se trouvant, par suite, plus écartés les uns des autres, permettent à la peau de se montrer.

Aux premiers symptômes de sommeil, c'est-à-dire quand quelques-uns s'endorment, on donne les repas plus légers, et l'on cesse complétement dès que l'on voit quelques vers éveillés, ce que l'on reconnaît à leur tête blanche et à leur corps d'une couleur grisâtre. Il faut laisser les vers achever leur mue avant de leur distribuer de la nourriture. On peut sans inconvénient les faire jeûner 24, 36 et même 48 heures. De cette manière, ils ont le temps de se raffermir l'estomac, et les premiers endormis permettent aux derniers de se réveiller. Ainsi l'égalité n'est pas détruite.

1 once de graines de 25^{gr} doit occuper, au moment de la mue, une claie de quatre bâtons ($2^m,5o$); elle a consommé, dans les cinq ou six jours de cet âge, 5 ou 6^{kg} de feuille.

Durant toute cette période, la température doit être de 16° R. ou 19° C. pendant les repas et de 15° R. ou 18° C. lorsque les vers ne mangent pas ou quand ils dorment.

L'hygromètre doit indiquer de 70 à 80°.

IV. — DEUXIÈME AGE.

Le deuxième âge va du réveil de la première mue à celui de la deuxième (*Pl. V*).

Dès que les vers ont mué, on étend sur eux du papier percé, on donne un léger repas, et au second, un peu plus copieux, on délite. S'il reste sur le fumier quelques vers endormis, on les jette ou on les sépare pour former une seconde catégorie que l'on pousse un peu plus par la chaleur et des repas plus fréquents afin qu'ils atteignent les autres. On profite de ce délitement pour transporter les vers dans la magnanerie préalablement chauffée à 16° R. ou 19° C., où ils devront rester jusqu'à la fin de l'éducation.

En délitant, les vers des hautes claies seront placés sur les basses et réciproquement, pour conserver l'égalité. Il faut bien se pénétrer de ce principe que les insectes doivent avoir beaucoup d'espace pendant l'éducation. On doit donc doubler le nombre de claies occupées avant le délitement : 1 once de graines tiendra 2 claies. On évite souvent ainsi la contagion des vers par les blessures qu'ils se font avec leurs pattes de devant, qui, s'enfonçant dans des crottins corpusculeux, s'en recouvrent et les inoculent à leurs voisins.

On continue pendant cet âge à donner trois repas de feuille mondée : le premier à 5ʰ du matin, le deuxième à midi, le troisième à 8ʰ du soir. On peut se dispenser de couper la feuille, les vers étant assez gros pour la manger plus grande ; il vaut mieux cependant continuer. Après chaque repas, on allume de petits feux de flamme en ouvrant les issues pour renouveler l'air, et l'on arrose le sol avec du chlore délayé dans de l'eau.

Une pratique excellente consiste à déliter deux fois dans un âge : la première, ainsi que nous l'avons dit, au deuxième repas après la mue ; la seconde, un peu avant que les vers ne s'endorment. De cette manière, ils passent leur mue sur un lit propre, sans émanations morbides. Le délitement au papier percé est si vite opéré que nous engageons fortement les éducateurs à suivre cette méthode. Si cependant ils ne peuvent le faire, qu'ils délitent toujours à la sortie de la mue. Si l'on change deux fois, on n'a pas besoin, à la seconde, de dédoubler les vers : on les maintient sur le même nombre de claies.

Dès que l'on voit quelques vers endormis, on donne les repas de plus en plus légers, et l'on cesse tout à fait dès que quelques vers sont éveillés. Les larves qui accomplissent leur deuxième mue ont la peau blanche, luisante, très-tendue, la tête ramassée et relevée, le museau petit, noir et allongé.

Le deuxième âge dure de cinq à six jours, pendant lesquels les vers de 1 once de graine mangent de 25 à 30^{kg} de feuilles. Si l'on fait deux délitements, le second aura lieu le quatrième jour qui suivra la première mue, soit trois jours après le premier.

Le thermomètre doit indiquer, durant cette période, 17° R. ou 20° C. au moment du repas, et 16° R. ou 19° C. d'un repas à l'autre ou pendant la mue.

L'hygromètre doit marquer de 70 à 80°.

V. — TROISIÈME AGE.

Le troisième âge commence au réveil de la deuxième mue pour finir à celui de la troisième. (*Pl. V*).

Quand les vers sont tous éveillés, ce que l'on

reconnaît à la teinte gris foncé de leur corps, ainsi qu'à la largeur de leur museau de couleur marron, et après les avoir laissés 24 ou 36^h sans manger, pour donner aux derniers endormis le temps d'atteindre les premiers sortis, on met le papier à déliter. On donne un léger repas de feuille ordinaire, et au second, un peu plus copieux, on délite.

Fig. 25.

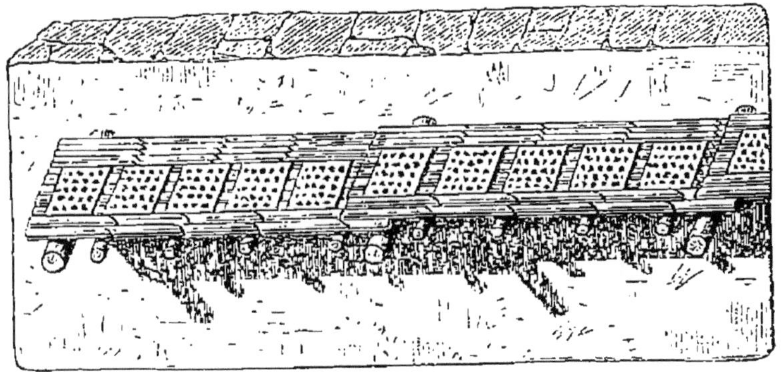

Position du papier percé sur les claies après le délitement.

Le ver doublant de volume pendant cet âge, il faut d'une claie en faire deux : 1 once de graines occupera donc quatre claies. Pour cela, on met sur les tables nouvelles les papiers percés dans le sens de leur longueur et un peu espacés les uns des autres (*fig.* 25). En répandant la feuille également sur toute la claie, les vers remplissent bientôt l'intervalle laissé entre les papiers.

On sépare toujours, ou mieux, on jette les larves qui restent sur le fumier, que l'on doit enlever de suite et porter hors de la magnanerie en faisant le moins de poussière possible. Il ne faut jamais, en délitant, oublier de mettre les vers des claies les plus hautes sur les plus basses, et réciproquement ; ce n'est qu'ainsi qu'on peut conserver leur égalité.

On donne trois repas par jour : le premier à 4^h du matin, le dernier à 9^h du soir. On ferait encore mieux d'en distribuer quatre. De cette manière, les vers restent moins longtemps sans manger et se fortifient davantage ; mais si l'on suit ce système, qui est excellent, il faudra le continuer sans interruption jusqu'à la fin de l'éducation. Bien des personnes donnent quatre repas lorsqu'elles ont le temps, et n'en distribuent que trois le lendemain si elles sont plus pressées. C'est là une faute, car rien ne fait plus de mal aux vers que ces alternatives de diète plus ou moins renouvelées. L'éducation des vers à soie exige avant tout de la régularité, tant pour le nombre des repas et la quantité de nourriture donnée que pour le degré de chaleur. Inutile d'ajouter que, si l'on distribue quatre repas par jour, le premier à 4^h du matin, le dernier à 10^h du soir, soit toutes les six heures, ils devront être plus légers que si l'on n'en donne que trois.

Lorsque les vers sont sains, ils mangent dans toutes les positions, les uns couchés sur le dos, d'autres pliés en deux, etc. ; pendant le repas, le choc de leurs mandibules imite le bruit que font des gouttes de pluie en tombant sur des branches d'arbre. Il faut donc se méfier, dès cette période, de ceux qui cherchent pour manger une position commode, preuve qu'ils ont peu d'appétit.

A partir de cet âge, on peut se dispenser de monder la feuille : les vers sont assez forts pour la manger telle qu'on la cueille. Les brindilles, du reste, en maintenant la feuille plus relevée sur les lits, permettent à l'air de circuler et diminuent ainsi l'humidité des litières. Cela est très-important, parce que les vers, en grossissant, en dégagent beaucoup eux-mêmes par leur transpiration. Cette humidité est due à la nature essentiellement aqueuse de l'aliment qui leur est servi, et, jointe à celle des litières, peut faire monter l'hygromètre jusqu'à 100°. On doit donc s'efforcer de combattre celle-ci par tous les moyens possibles, des délitements fréquents, le renouvellement de l'air souvent répété et une chaleur convenable. Quant à la transpiration des vers, il faut bien se garder d'y mettre obstacle, puisqu'elle est absolument nécessaire à leur existence.

On fera des feux de flamme de suite après chaque repas, et plus souvent encore si le temps est humide et lourd. On arrosera fréquemment le sol avec du chlore délayé dans de l'eau pour désinfecter la magnanerie, à chaque extrémité de laquelle doit se trouver, à demeure fixe, une assiette pleine de cette substance.

On nettoiera le sol avec un linge mouillé pour éviter la poussière.

Le troisième âge comprend une période de sept à huit jours, pendant lesquels 1 once de graine consomme environ 75 ou 80ᵏᵍ de feuilles.

Les vers commencent à s'endormir vers le sixième jour : on donne alors les repas plus légers ; on *éclabousse,* pour ainsi dire, les vers avec de la feuille. On fera bien de déliter, si l'on peut, avant leur sommeil, soit le cinquième jour. Les symptômes de la troisième mue sont les mêmes que ceux des précédentes. Pendant la crise, on commence à voir le nouveau museau du ver apparaître sous le premier, ce que sa petitesse ne permettait pas de distinguer aux autres mues.

Il faut augmenter la chaleur de la magnanerie de 1°. Le thermomètre devra donc marquer 18° R. ou 22° C. durant les repas, et 17° R. ou 21° C. quand les vers ne mangent pas ou pendant la mue.

Tenez l'hygromètre de 70 à 80°.

VI. — QUATRIÈME AGE.

Le quatrième âge embrasse l'intervalle qui sépare la sortie de la troisième mue de celle de la quatrième (*Pl. V*).

Les soins à donner aux vers pendant cette période sont les mêmes que ceux des âges précédents.

Que la chaleur de la magnanerie soit toujours régulière et l'air fréquemment renouvelé. Redoublez de soins pour éviter la contagion par la poussière, et enlevez-la sur le sol avec un linge mouillé.

Délitez au second repas que vous donnez après le réveil des vers ; le premier, distribué 24 ou 48^h après que les premiers vers se sont éveillés, doit être léger ; le second est un peu plus copieux.

En délitant, posez toujours sur les nouvelles claies les papiers percés dans le sens de leur longueur, et espacés les uns des autres de o^m,o5 environ. On forme ainsi une ligne que l'on étend peu à peu chaque jour en donnant une petite quantité de feuille près des bords. Séparez soigneusement ou jetez les retardataires. Les vers triplant de volume pendant cet âge, ceux de 1 once de graine seront répandus sur dix ou douze claies et consommeront de 15o à 155^{kg} de feuille environ.

Faites des feux de flamme après chaque repas, — plus souvent même si le temps est humide, — avec des genêts bien secs qui brûlent sans fumée, et arrosez souvent l'atelier avec du chlore délayé dans de l'eau. S'il fait chaud, arrosez quelquefois avec de l'eau, tout autour des claies, mais jamais au-dessous.

Distribuez toujours au moins trois repas, quatre si vous pouvez, mais alors qu'ils soient plus légers. Délitez aussi, autant que possible, deux fois, la seconde sans dédoubler, le sixième jour.

Donnez les repas moins copieux aux premiers symptômes de sommeil, c'est-à-dire vers le septième ou huitième jour, et cessez complétement dès que quelques vers ont mué.

Veillez avec soin à ce que la chaleur soit toujours régulière, renouvelez l'air souvent; car, pendant cet âge, la flacherie peut naître à cause des changements de température entre le jour et la nuit, et de l'humidité qui se dégage des vers et des litières.

A partir de la troisième mue, on peut savoir, par l'inspection des pattes du ver, quelle sera la couleur de son cocon : si le dessous des dix pattes postérieures est blanc, le cocon sera de cette couleur; s'il est jaune, le cocon le sera aussi.

Le quatrième âge comprend un espace de neuf à dix jours pendant lesquels le thermomètre doit marquer 19° R. ou 23° C. au moment des repas et 18° R. ou 22° C. entre les repas et durant la mue. L'hygromètre doit indiquer de 70 à 80°.

VII. — CINQUIÈME AGE.

Le cinquième âge prend le ver après la quatrième mue et le conduit jusqu'au moment où il monte sur le bois pour construire son cocon.

Vingt-quatre ou quarante-huit heures après que les vers ont accompli la quatrième mue (*la quarto*, en provençal), ce que l'on reconnaît à la couleur café au lait de leur corps et à leur gros museau marron, on place le papier, et au deuxième repas on délite en dédoublant, parce que les vers deviennent deux fois plus gros pendant cette période.

On aura donc vingt ou vingt-quatre claies pour les vers de 1 once de graine.

On fera bien de donner quatre repas à cause de la voracité des vers à cet âge. Si les intervalles de l'un à l'autre repas sont trop longs, le ver affamé se jette sur la feuille et la dévore en peu de temps. Sa nourriture, prise dans ces conditions, peut donc lui causer une indigestion et amener la mort ou la flacherie, ce qui est pire.

Le cinquième âge est, sans contredit, le plus dangereux de la vie du ver et le plus propre au développement ou à la naissance des maladies. La température souvent très-élevée, l'atmosphère lourde et malsaine, rendent le renouvellement de l'air très-difficile, tandis qu'elles permettent aux miasmes de se développer à leur aise. La litière fermente aisément sous l'action de la chaleur, et les gaz ammoniacaux qui s'en échappent peuvent finir par tuer l'insecte en contact immédiat avec eux. De son côté, le ver à soie consomme pendant cet âge cinq fois plus de nourriture que dans tous les précédents, il a donc besoin, pour digérer cette énorme quantité de feuilles, d'une chaleur régulière. Tout brusque changement de température altérant alors ses fonctions digestives, l'aliment dont il est gorgé fermente dans son tube intestinal et donne naissance aux vibrions et aux ferments en chapelet de grains.

Enfin les causes d'infection sont si nombreuses pendant cette période, que le magnanier doit redoubler de soins et prendre beaucoup de peine s'il veut arriver à une réussite. Qu'il ne se dissimule pas que les heures de travail l'emporteront de beaucoup sur celles du repos. Levé chaque jour avant 3ʰ du matin, il ne sera pas toujours couché à minuit; il n'aura pas toujours le temps de manger, car il faut penser aux vers avant de songer à soi-même, sous peine de compromettre ou d'anéantir la récolte. Bref, pendant quinze jours, sa vie sera un sacrifice continuel; mais aussi, comme il aura bien vite oublié sa fatigue, lorsque le bois se couvrira de cocons!

Donc, puisque vous avez tant fait que d'élever des vers à soie, que votre vigilance ne se démente pas un seul instant jusqu'à la montée de vos élèves; redoublez de soins et d'attentions pour eux, le succès est à ce prix. N'oubliez pas que la moindre faute peut détruire vos espérances les mieux fondées et ne pas même vous laisser assez de cocons pour payer vos dépenses.

Si le vent brûlant du midi se met à souffler et si la température de la magnanerie est trop élevée, éteignez les foyers, fermez les ouvertures de ce côté et renouvelez l'air par tous les moyens. Allumez des feux de flamme fréquents, arrosez le sol plusieurs fois par jour, jamais sous les claies pour ne pas ajouter à l'humidité des litières; suspendez enfin des draps mouillés aux fenêtres: vous parviendrez ainsi, par l'évaporation, à diminuer la chaleur de plusieurs degrés. Si, au contraire, le mistral souffle et fait baisser le thermomètre, fermez toutes les ouvertures de l'atelier et augmentez le feu des fourneaux. Soyez surtout toujours maître du chauffage ou surveillez vos appareils, pendant la nuit, pour éviter tout changement subit.

Délitez souvent sans dédoubler, tous les deux ou trois jours, si vous pouvez : vous diminuerez ainsi les chances de flacherie en faisant disparaître une de ses principales causes, l'humidité. Tenez constamment du chlore aux deux extrémités de l'appartement.

Chargez spécialement une personne expérimentée d'enlever tous les vers qui paraissent malades, mous, de couleur douteuse, ou qui offrent des taches de pébrine.

Dans les âges précédents, on a pu remarquer chez les vers, un peu avant qu'ils ne muent, un plus grand appétit qui dure environ vingt-quatre heures et que l'on nomme *fraize*. Dans le cinquième âge, ce phénomène dure quarante-huit heures environ, il est aussi beaucoup plus sensible. On le nomme *grande fraize* et en provençal *la foguo*. La feuille que l'on donne aux vers disparaît comme par enchantement, et, lorsqu'on arrive au bout de la magnanerie, on est à se demander si l'on n'a pas oublié de donner aux claies de l'autre extrémité. C'est ici qu'il faut agir avec prudence et ne pas distribuer une trop abondante nourriture, comme le font bien des per-

sonnes. Il vaut mieux faire manger les vers plus
souvent que de leur donner de la feuille à discré-
tion.

Le cinquième âge embrasse une période de dix
à onze jours; les vers provenant d'une once de
graines consomment dans cet âge de 55o à 555^{kg}
de feuille. Ainsi, depuis leur naissance, les vers
d'une once de 25^{gr} ont consommé :

			Ages.	Feuille.	
Pendant les 5 ou	6 jours	du 1er	5 ou	6^{kg}
» 5 ou 6	»	du 2^e	25 ou	3o
⁰ 7 ou 8	»	du 3^e	75 ou	8o
» 9 ou 10	»	du 4^e	15o ou	155
ⱴ 1o ou 11	»	du 5^e	55o ou	555

soit, pendant les trente-six ou quarante jours de
l'éducation, 8o5 ou 826^{kg} de feuille.

Jusqu'à la montée, tenez le thermomètré à
19° R. ou 24° C. pendant le repas et 1° de moins
le reste du temps. L'hygromètre ne doit pas dépasser 90°.

VIII. — BOISEMENT DES CLAIES.

Le boisement des claies (*encabanagi* en provençal) est une opération qui consiste à disposer
sur les claies des rameaux secs, de manière à former
de petites cabanes dans lesquelles les vers filent
leur cocon.

Un mois, à peu près, avant l'époque de la

montée, on coupe, pour qu'elles aient le temps de sécher, des branches de chêne (*éouse*, en prov.), de kermès (*ramas*), de buis, de genêts, etc., etc., de o^m,5o environ de hauteur, aussi touffues que

Fig. 26.

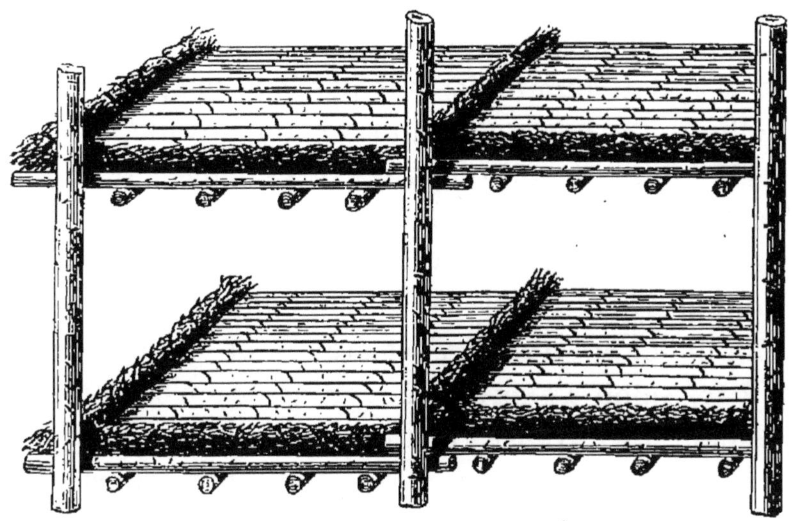

On met des sarments sur le devant et les côtés des claies.

possible. C'est avec ce bois que l'on fait les cabanes.

Le boisement des claies a lieu en trois fois :

1° On met des sarments sur le devant des claies
(*fig.* 26).

Du cinquième au sixième jour, après la quatrième et dernière mue, on voit quelques vers courir sur les claies en remuant la tête dans tous les sens, comme s'il cherchaient quelque chose. Si on les examine, on leur trouve une couleur rousse, et, si on les regarde à travers le jour, on s'aperçoit que cette couleur est due à la transparence de leur corps. En effet, ces vers sont *mûrs,* comme l'on dit, c'est-à-dire que, débarrassés de toute matière étrangère à la soie, ils cherchent un endroit propre à la construction de leur retraite, de ce cocon admirable tant par la richesse de son étoffe que par la perfection de son travail.

Dès que l'on voit quelques vers changer de couleur, il faut se hâter de leur procurer de quoi commencer leur ouvrage ; sans cela, ne trouvant aucun point d'appui pour y jeter leurs fils, la soie qui remplit leurs réservoirs les étouffe et ils meurent *courts,* selon l'expression consacrée, c'est-à-dire pendant leur transformation en chrysalide. Afin d'éviter cela, on fixe tout à fait au bord antérieur des claies, des sarments (ceps de vigne liés ensemble, *gavéou* en prov.) ; ces ceps, n'étant jamais rigoureusement droits, laissent entre eux de petits intervalles dans lesquels les vers les plus pressés peuvent faire leur cocon. L'économie proverbiale des cultivateurs nous enseigne comment on doit attacher les sarments aux claies. Au lieu d'employer de la ficelle, on coupe quelques petites branches de mûrier et on les dépouille de leur écorce, dont on fait des liens avec lesquels on attache les sarments. C'est aussi solide que simple et bon marché.

2° On met du bois derrière les claies (*fig.* 27).

Le lendemain du jour où l'on a posé les sarments, les vers mûrs apparaissent plus nombreux :
on doit alors augmenter le volume du bois. A cet
effet, on place des branches de genêts ou autres,
verticalement, d'une claie à l'autre sur le bord

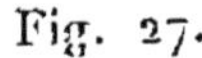

Fig. 27.

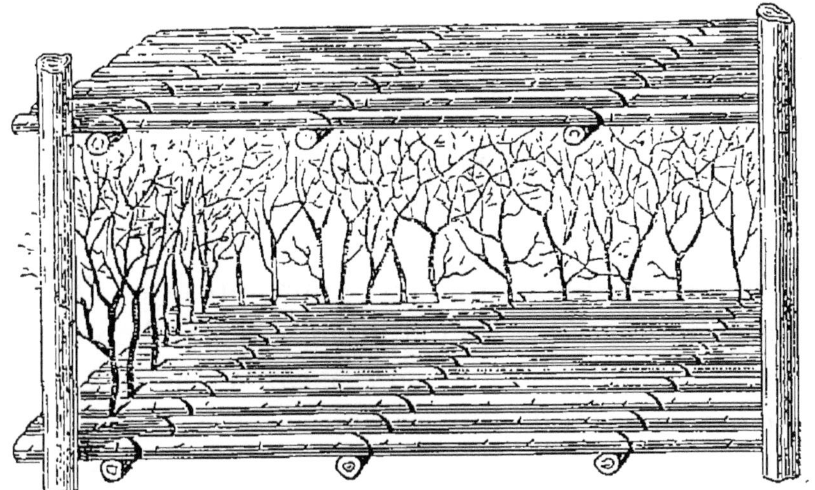

On met du bois sur le derrière et les côtés des claies.

opposé aux sarments. Il faut, autant qu'on le peut,
faire former la voûte au bois, c'est-à-dire que la
partie touffue doit appuyer contre la claie supérieure. Sans cette précaution, les vers montant
toujours arriveraient à l'extrémité des tiges et
tomberaient. Il est, du reste, très-facile de faire
la voûte avec le bois : il suffit de passer d'abord le
pied de la branche en avant, et, lorsqu'il appuie

sur le bord de la claie, de forcer la partie touffue contre la claie supérieure jusqu'à ce qu'elle soit verticale.

Quand toutes les claies sont entièrement boisées dans le fond, on répète la même opération sur les côtés de chaque claie, au milieu desquelles on forme aussi une cloison de branches. On fait en sorte que la voûte soit toujours du côté des vers, c'est-à-dire en dedans, pour que, si quelques-uns de ceux qui montent viennent à tomber, ce soit sur la litière et non sur le sol.

3° On fait les cabanes (*fig.* 28).

Le huitième ou le neuvième jour qui suit la quatrième mue, soit un ou deux jours après que l'on a mis le bois derrière les claies, le plus grand nombre des vers se disposent à monter sur la bruyère. Aux premiers symptômes, on doit terminer le boisement. Il vaut mieux finir cette opération quelques heures plus tôt que de se laisser surprendre. On construit, sur chaque claie de $2^m,5o$, de cinq à six cabanes avec des rameaux de chêne ou de kermès, que l'on frappe fortement contre le sol pour les dépouiller de leurs feuilles piquantes. On les dispose sur la largeur des claies de manière à former des cloisons voûtées de $o^m,1o$ ou $o^m,2o$ d'épaisseur dans le haut, qui est le plus garni. Les parties nues des branches qui forment le bas des cabanes doivent être assez nombreuses pour que les vers les trouvent sans pcine, afin de monter dans les parties touffues où ils s'établissent.

Il est de toute nécessité que l'air circule aussi librement que possible dans les cabanes. Faites-les donc assez spacieuses et n'imitez jamais certaines personnes qui, pour que leur bois paraisse bien

Fig. 28.

On fait les cabanes.

garni de cocons, entassent leurs vers sur un petit nombre de claies qu'elles sont alors obligées de surcharger de cabanes, perdant ainsi, sans s'en douter, une grande quantité de cocons. En effet, les vers manquant d'air s'asphyxient ou, faute d'espace, se mettent plusieurs pour construire un seul cocon que l'on appelle *double*, et chacun sait que le filateur refuse la marchandise ou en donne un prix moindre si les doubles sont nombreux.

Après avoir construit les cabanes, on doit donner un repas de plus aux vers et les pousser contre les bords de ces retraites, de manière qu'il n'y en ait pas au milieu, car ils seraient trop loin des montants et pourraient les trouver avec peine.

On forme aussi sur le sol, tout autour des claies, une ligne de chiendent (*gramé* en prov.) ou, à défaut, de fourrage grossier, pour que, si quelques vers tombent, ils puissent se mettre à filer.

C'est surtout pendant la montée qu'il faut surveiller l'hygromètre et ne pas lui laisser dépasser 90°; car jamais, pendant l'éducation, l'humidité n'a été si grande, puisqu'au moment de la montée les vers rejettent une certaine quantité d'eau presque pure, soit par la transpiration ou les déjections, soit par les filières. On doit, pour combattre cette humidité, enlever le fumier des cabanes dès le quatrième jour après la montée, en prenant toutes les précautions possibles pour ne pas ébranler les bruyères, ce qui pourrait déranger les vers qui travaillent encore.

IX. — DÉMAMAGE.

Le mot *démamage* vient du provençal (*desmamagi*); il signifie proprement sevrage, mais il s'emploie plus particulièrement pour indiquer le délitement des quelques vers qui restent dans les

cabanes lorsque le plus grand nombre est monté.
Les larves provenant de ce délitement forment ce
que l'on appelle les *démamures (desmamaduros)*.
Nous espérons qu'on voudra bien nous pardonner
l'emploi de ces deux mots qui ne sont pas français
et qu'on ne trouve, du reste, dans aucun livre ayant
trait à la sériciculture. Notre but est d'éviter les
périphrases, et de nous faire mieux comprendre, en
nous servant des termes usités partout où l'on élève
des vers.

Le démamage a lieu le lendemain de la construction des cabanes. On dépose les vers qui restent
encore et paraissent ne pas vouloir monter, sur
des claies propres ou sur le sol, si par hasard on
manque de place. On amasse autour d'eux de la
bruyère, et l'on continue à leur donner à manger.
Quand cette espèce de cabane est couverte de vers,
soit généralement le lendemain, on pose sur les
larves qui restent des rameaux d'une plante souple
quelconque (immortelles, thym, etc., etc.), que
l'on retire lorsqu'ils sont couverts, pour les déposer sur la cabane. Enfin, lorsque la plupart de
ces derniers sont montés et qu'il en reste encore,
on porte les retardataires ailleurs en leur donnant
à manger et recommençant la même opération.
Dès qu'ils ont tous disparu, on recouvre les démamures avec du papier ou du linge pour que ces
vers aient moins de clarté; on a remarqué, en effet,
qu'ils filent mieux dans l'obscurité. Trois jours
après que l'on a démamé, on doit enlever les li-

tières de toutes les claies ; car, quoi qu'en disent certaines personnes, l'humidité qui s'en dégage est aussi préjudiciable à la santé du ver qu'à la qualité de la soie.

X. — DÉCOCONAGE.

Nous venons de voir que le neuvième ou dixième jour après la quatrième mue, les vers montent sur le bois, quand l'éducation a suivi une marche régulière. Nous allons maintenant dire quelques mots sur la manière dont le ver construit la superbe demeure dans laquelle doivent s'opérer les deux métamorphoses qui transformeront la larve en insecte parfait.

Lorsque, monté sur la bruyère, le ver a trouvé la place qui lui convient, c'est-à-dire un endroit où il suppose qu'il jouira de toute la tranquillité voulue, il commence de suite à travailler. Il jette d'abord autour de lui des fils de soie qui représentent les fondations de son édifice : ces fils si minces devront supporter tout le poids de son corps, pendant qu'il formera l'ellipse de son cocon. Dès que ces fils sont fixés contre les branches qui l'entourent, on le voit, en effet, se cramponner à eux au moyen de ses dix fausses pattes, et, la partie antérieure du corps relevée, former une première enveloppe à son cocon. A mesure que son travail avance, il change de position, afin qu'il ait partout la même épaisseur. A cette première enveloppe en succède une seconde, puis une troisième, ainsi de suite, et, faisant toujours croiser ses fils de soie, il parvient à former un tissu d'une régularité parfaite, complétement imperméable, grâce surtout à la gomme dont il enduit l'intérieur à la fin de son travail.

La soie dont le cocon est formé se trouve à l'état visqueux, c'est-à-dire de gomme, dans des réservoirs où elle s'accumule à mesure que le ver convertit une partie de sa nourriture en cette matière. Quand les réservoirs sont pleins, l'insecte, ne pouvant plus loger la soie qui proviendrait de l'ingestion de nouvelles feuilles, refuse la nourriture et se débarrasse de toutes les matières étrangères. Grâce à cette évacuation, le ver étant *mûr*, comme l'on dit, monte sur le bois. Là, déposant sur la branche qu'il a choisie une goutte de gomme soyeuse qu'il fait passer à travers les trous des filières, il rejette la tête en arrière. Par ce moyen, la gomme s'allonge et forme deux fils aussitôt réunis en un seul qui durcit au contact de l'air. C'est par la répétition de ce mouvement de va-et-vient que toute la gomme soyeuse se dévide pareille à un écheveau, sans que le fil soit interrompu. L'activité de ce petit insecte est si grande que trois ou quatre jours lui suffisent pour mener à bonne fin ce gigantesque et admirable travail.

Le cocon est donc complet le quatrième jour, au plus tard, après la montée ; mais, comme tous les vers n'ont pas commencé à travailler en même

9

temps, la récolte du cocon, ou *décoconage,* ne se fait que le sixième ou le septième jour après la montée, soit environ seize ou dix-sept jours après la quatrième mue.

Le décoconage comprend deux opérations :

1° On enlève les cocons du bois (*déramage*);

2° On les dépouille de leur bave, c'est-à-dire de ces fils qui ont servi à les fixer sur la bruyère (*débavage*).

1. *Déramage.* — Quand vient le jour où tous les cocons doivent être terminés d'après les délais indiqués ci-dessus, on prend dans diverses cabanes et à chaque rang de claies quelques cocons que l'on agite séparément. Si l'on entend le choc d'un corps contre les parois, c'est que le ver a terminé son œuvre et se transforme en chrysalide; si un certain nombre d'entre eux ne fait pas de bruit, indice que le cocon n'est pas fini, on peut renvoyer la récolte au lendemain ; dans le cas contraire, on y procède de suite.

On défait alors les cabanes des claies les plus basses et on les porte aux personnes chargées de déramer. Les ramières doivent être enlevées et transportées avec beaucoup de ménagements, parce qu'il y a toujours des vers morts pendus aux branches. Ces cadavres, déjà en putréfaction, se détachent à la moindre secousse et salissent pour toujours les cocons sur lesquels ils tombent. C'est également pour éviter ces taches que l'on commence la récolte par les claies les plus basses, afin qu'aucun de ces vers ne tombe sur les cabanes inférieures.

Les personnes chargées de nettoyer les ramières doivent séparer les cocons faibles et tachés. Sans cette précaution, le moindre choc les écrasant, ils salissent les bons cocons, et la marchandise perd de sa valeur. Quand les corbeilles sont pleines, on les vide sur une claie propre, de manière à former une couche de cocons de $0^m,10$ à $0^m,15$ d'épaisseur.

2. *Débavage*. — C'est généralement le lendemain du déramage que l'on débave les cocons. Cette opération consiste, ainsi que nous l'avons dit, à retirer la bave ou fils de soie qui, ne faisant pas partie intrinsèque du cocon, ne peuvent être filés. Après avoir étendu sur des claies réunies entre elles des draps bien propres dont on relève les bords avec des sarments pour empêcher les cocons de tomber, on prend ces fils entre deux doigts d'une main, et de l'autre on fait tourner le cocon deux ou trois fois sur lui-même, puis on le jette sur les draps.

C'est là la dernière opération de l'éducation des vers à soie, à moins que l'on ne fasse de la graine. Lorsque les cocons sont débavés, il ne reste plus qu'à les porter à la filature, le jour même si l'on peut, au plus tard le lendemain. Au moment de partir, on noue les quatre coins du drap, de ma-

nière à former une *trousse*, et l'on coud les côtés
pour que les cahots de la route ne fassent pas tomber les cocons. On doit se hâter de les porter,
parce qu'à partir du neuvième jour après la montée
leur poids diminue progressivement. Cela est dû à
la transformation de la chrysalide en papillon, transformation qui n'a lieu que lorsque le ver a complétement évacué, par la transpiration ou autrement,
les matières aqueuses et, par conséquent, lourdes,
qu'il pouvait encore contenir. Ainsi, tandis que,
le jour du débavage, 600 cocons pèsent 1^{kg}, il en
faut près de 650 le dixième jour, et ainsi de suite.
De plus, 5 ou 6 jours plus tard, on court le risque
de voir sortir le papillon, ce qui arrive plus tôt
encore si les vers n'ont pas été bien égalisés dès le
début de l'éducation. Chacun sait que les marchands refusent d'acheter de pareilles récoltes ou
en donnent des prix dérisoires. A bon entendeur,
salut !

Il est bon de vendre la récolte quelques jours
avant le décoconage. Il existe toujours, vers la fin
de la campagne séricicole, des marchés où se rendent les filateurs. Dès que les cocons sont prêts, on
porte un brin des plus avancés, en laissant les dix
ou douze cocons qu'il supporte tels qu'ils sont,
c'est-à-dire sans enlever les doubles, s'il y en a.
Il faut, en un mot, que ce brin soit la reproduction exacte de l'état général de l'éducation, pour
que le marchand puisse juger de la récolte d'après
lui. Muni de ce rameau, on parcourt le marché,

consultant les acheteurs, et, lorsque l'on vend, on laisse l'échantillon au marchand. Si, au contraire, vous portez les cocons pour les vendre immédiatement, les acheteurs vous les payent moins, parce qu'ils savent que vous les leur vendrez toujours, votre marchandise ne pouvant attendre sans se détériorer.

Ici pourrait se terminer notre tâche, puisque bien peu d'éducateurs confectionnent eux-mêmes leur graine, à cause de la rareté actuelle des éducations qui échappent aux maladies régnantes. Nous décrirons néanmoins, pour les personnes qui se trouvent dans des conditions assez avantageuses pour le mettre en usage, le grainage tel qu'on le pratique aujourd'hui à l'aide du microscope.

Au moment de clore ce Chapitre, nous ne craignons pas d'ajouter que le sériciculteur qui emploiera exactement et avec intelligence la méthode que nous venons d'exposer pourra mettre, en regard de son surcroît de fatigues et de dépenses, un surcroît bien plus considérable de bénéfices.

CHAPITRE VII.

GRAINAGE.

I. — GRAINAGE ORDINAIRE.

Le grainage que nous appelons *ordinaire* est celui dont on s'est servi jusqu'au jour où M. Pasteur a démontré ses inconvénients et enseigné l'emploi du microscope pour cette opération, sans contredit la plus importante de l'éducation, puisque la réussite ou l'insuccès en dépendent.

Voici en quoi consiste cette ancienne méthode : lorsque les cocons sont débavés, on choisit sur la trousse les plus durs, les plus réguliers, d'une nuance uniforme et aussi claire que possible ; on les débave une seconde fois pour faciliter la sortie du papillon et on les met en chapelets de $0^m,75$ de longueur, c'est-à-dire qu'on les enfile en les pinçant légèrement avec l'aiguille, de manière à ne pas blesser la chrysalide. Cela fait, on porte les chapelets dans un appartement assez grand pour que l'éclosion, l'accouplement et la ponte puissent s'y faire. Cette chambre doit être aérée, sèche, à peine assez éclairée pour que l'on y distingue les objets, et chauffée à une température régulière de 15° ou 18° R., soit 18° ou 21° C.

On doit faire, autant que possible, des chapelets de cocons mâles et d'autres de cocons femelles. Les premiers sont, en général, plus petits, plus pointus et un peu étranglés vers le milieu; ceux des femelles sont plus ronds, plus gros et sans étranglement. Il faut donc se garder de ne choisir que les plus gros, puisqu'ils pourraient contenir tous des femelles. Les chapelets ainsi formés sont appliqués verticalement contre un mur à la distance de $0^m,20$ ou $0,25$ les uns des autres.

Les papillons commencent à sortir du cocon vers le dix-septième ou le dix-huitième jour après la montée et dans sept ou huit jours ils sont tous éclos. L'éclosion a lieu de 4 à 9^h du matin, mais c'est à 6^h qu'elle est la plus fréquente. On a disposé dans l'appartement quatre claies bien propres et recouvertes de papier : sur la première, on met les mâles, sur la seconde les femelles. Après avoir préalablement enlevé ceux qui ne paraissent pas bien conformés, on porte sur la troisième claie un nombre égal de mâles et de femelles. Dès qu'ils sont accouplés, on les dépose sur la quatrième claie, en distançant de $0^m,10$ à $0^m,15$ les couples que l'on surveille, car un mâle désaccouplé porte le désordre autour de lui. Les mâles (*Pl. VI, b*), dont le corps est pointu et petit, doivent être très-vifs et faire vibrer leurs ailes avec force; les femelles (*Pl. VI, a*) ont le corps plus développé, plus long, mais doivent aussi avoir une certaine agilité. Les papillons corpusculeux, ainsi que le remarque M. Pasteur,

a

b

c

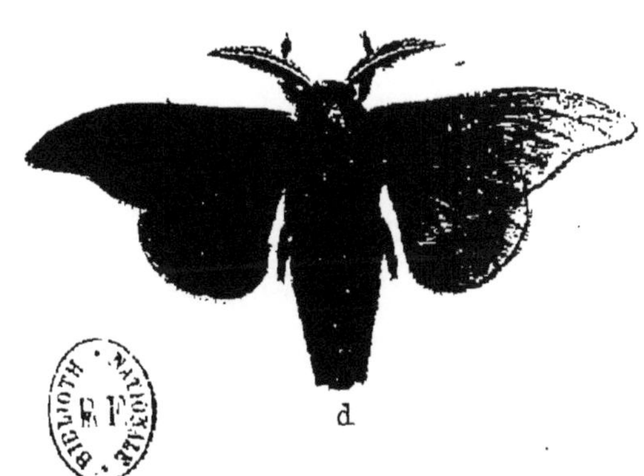

d

sont quelquefois recouverts, en tout ou en partie, d'une teinte noire et veloutée ; ils gardent, en outre, souvent les ailes plissées comme à la sortie du cocon. On doit donc rejeter rigoureusement tous ceux qui présentent ces phénomènes.

Six heures environ après l'accouplement, on sépare les mâles des femelles en les prenant par les ailes et en tirant sur eux en sens inverse. On porte ensuite les femelles sur une grande toile appliquée contre le mur et relevée au bas, afin de former une petite poche destinée à retenir les graines quelles femelles laisseraient tomber. Le linge sur lequel se fait la ponte doit être en coton ou en laine très-fine, sans duvet ni apprêt.

Nous avons dit plus haut qu'une femelle vigoureuse pondait, dans l'espace de 40 à 48 heures, de 400 à 450 œufs : il faut environ 90 femelles pour donner 25^{gr} de graines, soit 1 once.

De suite après le désaccouplement, on doit enlever les mâles et les donner aux poules, qui en sont très-friandes, ou les enfouir au pied d'un arbre. Il est bon d'en garder quelques-uns des plus vigoureux pour servir, au besoin, une seconde fois, dans le cas où le lendemain il éclorait plus de femelles que de mâles. On doit tenir les papillons ainsi mis en réserve dans une boîte percée de petits trous, en un lieu très-obscur et à l'abri des rats et des cafards : trop de clarté et de chaleur les énerve et les épuise.

Lorsque les graines ont pris une teinte grise, on roule les toiles sans les presser, pour que l'air cir-

cule, on les enveloppe d'un autre linge et on les
suspend dans un endroit frais, sec, à l'abri des animaux nuisibles.

II. — GRAINAGE CELLULAIRE (SYSTÈME PASTEUR).

Le grainage cellulaire, auquel M. Pasteur a donné
son nom, repose sur ce principe énoncé par son auteur, que « *jamais un papillon exempt de corpuscules ne donne naissance à un seul ver corpusculeux, non-seulement dans l'embryon, mais même
à l'éclosion.* » (T. I, p. 59.)

Cette méthode offre, sur celle que nous venons
d'étudier, de nombreux avantages : chaque femelle
étant conservée et pondant sa graine sur un linge
séparé, il est facile, si l'examen microscopique démontre la présence de la maladie, de rejeter le linge
de la femelle malade. Ce n'est jamais qu'une ponte
perdue, tandis que par l'ancien système, alors même
que l'on conserverait les femelles et qu'on les exa-
minerait au microscope, il serait impossible, en cas
de maladie pour quelques-unes d'entre elles, de
savoir où se trouvent les pontes infestées.

Voici le résumé de la méthode de grainage cellulaire décrite dans l'excellent Ouvrage de son inventeur :

On choisit d'abord une éducation irréprochable,
surtout sous le rapport de la vigueur des vers et de
l'absence de mortalité de la quatrième mue à la
montée. Lorsque les cocons viennent d'être formés,

c'est-à-dire cinq ou six jours après la montée, on en extrait $\frac{1}{4}$ ou $\frac{1}{2}^{kg}$ que l'on soumet dans une chambre à une température de 25° ou 30° R. au moyen d'un poêle chauffé nuit et jour et portant un vase d'eau en ébullition, ou bien encore au moyen de la couveuse. On broie tous les deux jours, séparément, une vingtaine de chrysalides et on les examine au microscope. Si, à la fin de l'opération, on a trouvé plus de 10 chrysalides corpusculeuses sur 100, on porte la chambrée à la filature, sinon, on fait grainer. On doit rechercher surtout, dans les chrysalides jeunes, les corpuscules autres que brillants, c'est-à-dire ceux à contours à peine accusés ou pyriformes, parce qu'ils peuvent s'être développés tardivement chez le ver : ils sont alors encore *jeunes* et ne paraîtront que plus tard sous la forme ovale et brillante. Aussi, quand ces organismes paraissent visiblement dans une chrysalide jeune, les œufs ne seront-ils que corpuscules ; au contraire, plus ceux-ci se montreront tard dans la chrysalide ou le papillon, moins la graine en provenant sera corpusculeuse. C'est ce qui explique l'absence possible de corpuscules dans une graine issue de papillons infectés.

L'examen des papillons est beaucoup plus sûr et plus facile que celui des œufs ou des chrysalides, car le papillon corpusculeux montre ordinairement beaucoup de ces parasites et toujours sous la forme brillante. Aussi est-il bon de garder pour cet usage quelques-uns des cocons de la chambre chauffée à

3o° R. ou 36° C., comme il a été dit plus haut. A
cet effet, dès la sortie des papillons, on les broie
séparément dans un mortier, et l'on note le nombre
de corpuscules par champ. Il faut examiner au moins
5o papillons pour avoir plus sûrement la moyenne.
Pour l'expérience, on enlève les paquets de graines
des femelles, ainsi que les ailes, avant de les broyer.

Quoiqu'une tolérance de 10 pour 100 de papillons corpusculeux donne une graine *industrielle-*
ment (1) bonne, il faut obtenir o pour 100 si la graine
est destinée à la reproduction. Les graines issues
de papillons sains, c'est-à-dire ayant donné o pour
100 à l'examen, sont exemptes de corpuscules même
à l'éclosion, et ne peuvent être assez infectées pendant l'éducation par la pébrine accidentelle, pour
ne pas donner une bonne récolte de cocons. Dans
ce cas, ceux-ci seront impropres à la reproduction.
Si l'on tolère 10 pour 100 de maladie, la proportion
maxima des œufs corpusculeux est rarement de
plus de 1 à 2 pour 100, ce qui s'explique par ce fait
que les œufs d'une femelle ne renferment pas tous
de ces parasites.

Lorsqu'on s'est assuré, par cet examen prélimi-
naire, que la chambrée est apte à la reproduction,
on forme (*fig.* 29) des *filanes* ou chapelets de
cocons que l'on porte dans un appartement peu

---

(1) On nomme graine *industrielle* une graine qui, bien qu'im-
propre à la reproduction, donne, la première année, une bonne
récolte de cocons excellents pour la filature, pour l'industrie.

éclairé, frais et ne recevant pas directement le
soleil. On coupe ensuite des morceaux d'un tissu

Fig. 29.

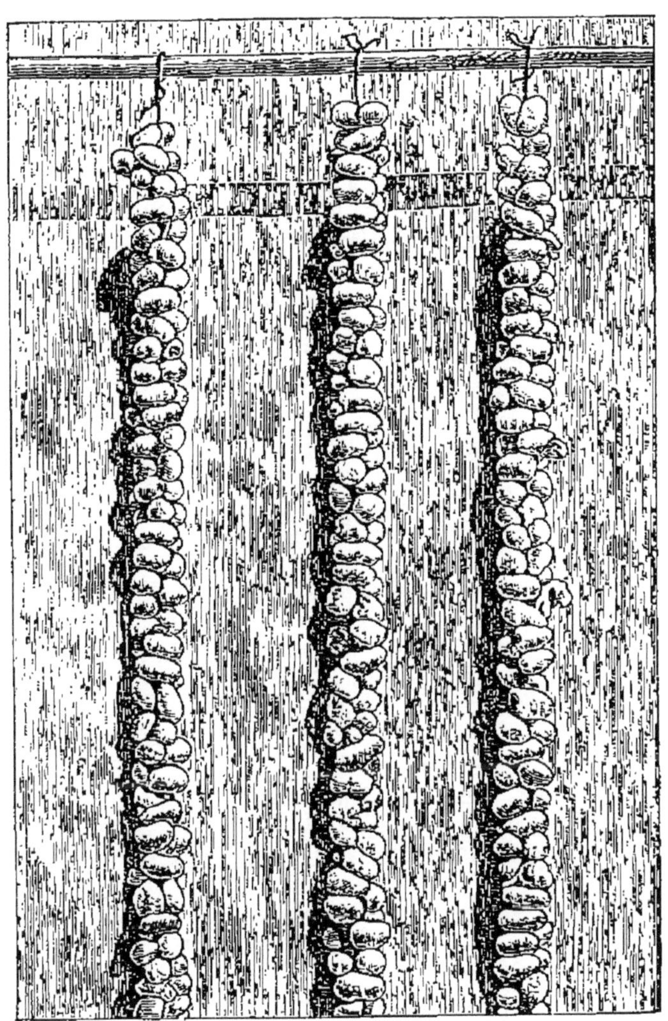

Filanes ou chapelets de cocons.

dit *tarlatane,* de $0^m,06$ de large sur $0^m,15$ de long,
que l'on replie sur eux-mêmes (*fig.* 30) en cousant

les côtés et en laissant environ 0^m,02 de marge
dans le haut, de manière à former de petits sacs
de 0^m,06 sur 0^m,08. On retourne alors ceux-ci

Fig. 30.

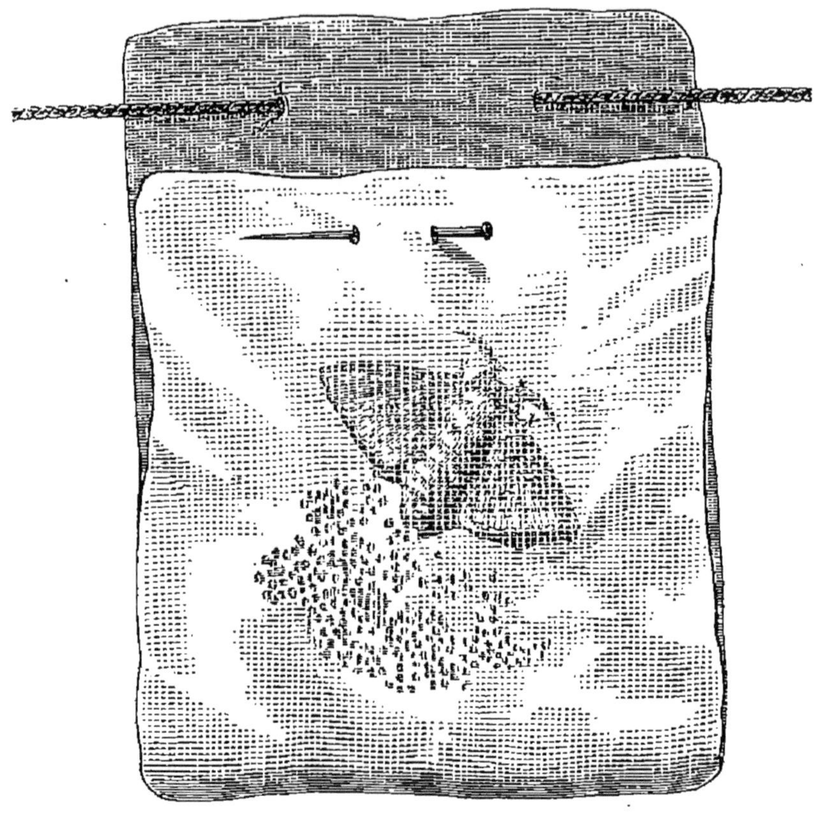

Sac en tarlatane dans lequel on enferme la femelle
pour le grainage cellulaire.

pour que la couture, se trouvant en dedans, les
fasse gonfler, et l'on passe, au travers, des ficelles
que l'on tend d'un mur à l'autre de l'appartement.
Ces sacs sont ce que l'on appelle des *cellules*. On
en prépare cent par once de graines que l'on veut

obtenir, quoiqu'en général quatre-vingt-dix suffisent, soit environ trois cents par kilogramme de
cocons. On n'a pas besoin de tendre toutes les
ficelles dès le premier jour ; car, au bout de trois
jours, les femelles ayant fini leur ponte, on peut
les remplacer par d'autres : il suffit donc, à la
rigueur, d'avoir de la place pour l'éclosion des
femelles pendant trois jours.

A la sortie des papillons, on a bien soin de rejeter ceux qui ne sont pas bien conformés, ou dont
le duvet (*Pl. VI, c*), même par places restreintes,
est couleur gris de plomb, presque noir.

On laisse l'accouplement se faire comme dans
le grainage ordinaire : les couples sont réunis
pêle-mêle sur une claie, et de 4 à 6^h du soir
on désaccouple ; on porte chaque femelle dans
un des petits sacs, que l'on ferme avec une épingle
pour qu'elle ne puisse en sortir, et l'on jette les mâles sans s'inquiéter de leur état plus ou moins corpusculeux. Il a été reconnu, en effet, qu'ils n'ont
aucune influence sur la ponte au point de vue de
la propagation de la pébrine. Après que les femelles
ont pondu, on noue les extrémités de chaque
ficelle que l'on porte dans un lieu sec, et, à temps
perdu, pendant l'automne ou l'hiver, on examine
chaque femelle au microscope, en rejetant les pontes
malades. On réunit enfin toutes celles qui sont
saines en les détachant au moyen d'un lavage.
Lorsqu'elles sont sèches, on enferme les graines
dans des sacs en mousseline claire sur une épais-

seur de $\frac{1}{2}$ centimètre et on les porte dans une chambre sèche et aérée dont la température moyenne soit de 5° ou 6° R.

On le voit, rien n'est plus simple et plus sûr que cette méthode de grainage cellulaire. Les sériciculteurs intelligents comprendront sans peine l'intérêt qu'ils ont à se procurer, à quel prix que ce soit, de la graine ainsi préparée, puisque le jour où chacun aura des œufs exempts de maladie le fléau disparaîtra.

Nous avons dit de l'acheter n'importe à quel prix :

1° Parce qu'une très-petite quantité suffit la première année, puisque 5^{gr} de graines pures bien élevées donnent de 8 à 10^{kg} de cocons qui, à leur tour, produisent de 25 à 30^{onc} de graines, quantité dix fois supérieure à celle qu'élèvent la plupart des sériciculteurs. Il suffira d'extraire chaque année sur les 25^{onc}, 5^{gr} que l'on élèvera plus tôt que le reste de l'éducation, dans un endroit éloigné du grand atelier et des magnaneries voisines, pour avoir toujours sa provision, sans avoir recours à des marchands plus ou moins consciencieux.

2° Parce que, si la graine est réellement exempte de corpuscules, et si on l'élève bien, la pébrine accidentelle ne peut assez l'envahir une première fois pour qu'elle soit improductive industriellement. Dans ce cas même, on rentrerait donc toujours dans ses déboursés.

En résumé, le grainage cellulaire offre toutes les

garanties désirables au point de vue de la pébrine
et l'on peut se préserver de la flacherie héréditaire en observant, pendant la montée, les vers de
la chambrée destinée au grainage. S'ils montent
prestement à la bruyère sans offrir de mortalité de
la quatrième mue au moment de filer leur soie, en
un mot, s'ils sont vigoureux et agiles, c'est qu'ils
sont exempts des organismes de la flacherie.

Fig. 31.

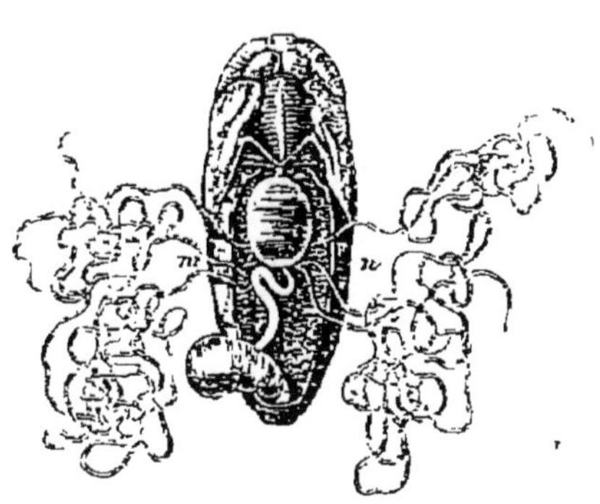

Chrysalide ouverte.

Quand ces observations n'ont pu avoir lieu, on
examine au microscope (*fig.* 31) la poche stomacale de quelques chrysalides qui contient, en cas
de maladie, le ferment en chapelet de grains. Cet
examen est très-facile : on coupe en deux avec
des ciseaux la chrysalide à la hauteur de la ligne
mn, et dans la partie antérieure, c'est-à-dire du
côté du museau, on trouve une petite boule dure,
de couleur marron, qui ressemble à de la résine
quand on l'écrase sur le porte-objet du micro-

scope : c'est la poche stomacale. Si, dans plusieurs chrysalides, on trouve le ferment en chapelet de grains, il faut renoncer à livrer au grainage la chambrée dont elles proviennent; car la graine qui en naîtrait, exempte peut-être de corpuscules, périrait de la flacherie héréditaire.

Nous terminerons ce paragraphe en indiquant aux personnes que décourage la difficulté de se procurer une quantité, même minime, de graines privées de corpuscules, un moyen bien simple d'avoir leur provision pour l'année suivante. Elles n'ont qu'à séparer, dès l'éclosion des vers, pour éviter la contagion, quelques couples de vers, aussi vigoureux que possible, les premier-nés, par exemple, et de les élever toujours loin des autres. Un de ces couples, s'il est bien sain, suffit : il pond, en effet, 400 ou 450 œufs qui, à leur tour, produisent près de 1^{kg} de cocons, donnant 2 ou 3^{onc} de graines également pures si on les élève séparément. On peut donc, au bout de deux ans, avoir une assez grande quantité de graines saines, qu'il ne tient qu'à soi de garder toujours ainsi.

III. — CONSERVATION DE LA GRAINE.

La conservation de la graine est, comme, du reste, tout ce qui se rapporte à l'éducation des vers à soie, d'une grande importance. Souvent une graine, originairement bonne, n'a donné aucun résultat, parce qu'elle avait été mal conservée pendant l'hiver. C'est pour cela que nous engageons les magnaniers à faire leur provision au plus tard au mois de novembre. Ils pourront ainsi surveiller eux-mêmes cette partie essentielle de l'éducation.

Il a été reconnu, après de nombreuses expériences faites par M. Duclaux, qui assistait M. Pasteur dans sa mission, que le froid le plus intense est favorable à la graine. On n'est donc plus étonné d'entendre dire que les Chinois et les Japonais plongent, en plein hiver, les cartons recouverts de graines dans l'eau glacée, pendant une nuit, après quoi ils les font rapidement sécher pour les enfermer.

On comprend sans peine que, la température n'étant pas toujours la même pendant l'hiver, la graine que l'on ne surveille pas ou que l'on place dans un appartement soumis à des variations est exposée à subir des alternatives de chaleur qui la poussent à commencer son incubation, et de froid qui arrêtent ce travail intérieur. Il est évident qu'une graine ainsi traitée ne peut donner de bons résultats.

Il est donc de toute nécessité, pour éviter cette cause d'insuccès, de conserver la graine au froid, dans un endroit bien aéré, mais non humide, comme, par exemple, dans un cellier au nord pendant les hivers rigoureux, et dans un cellier plus froid, dans une cave, pendant les hivers doux, ou bien encore un vestibule, un escalier. Ces appartements ayant, en général, une température égale, il sera facile de ne pas soumettre les graines à plus de 5° ou 6° R., soit 7° ou 8° C. pendant la période hivernale. On doit toujours, pour la conserver, mettre la graine en couche très-mince (1 ou 2^c au plus), dans un sac de mousseline et sur un linge qui permette à l'air de circuler, tamis, couvercle de corbeille, etc. Il faut aussi la remuer au moins une fois par semaine pour que le milieu du paquet n'ait pas plus de chaleur que les bords. Il est bon de suspendre l'objet qui contient les œufs pour les garantir des atteintes des rats, des araignées et autres animaux. Avec ces soins, une graine primitivement saine se conserve toujours ainsi et donne des résultats surprenants.

IV. — RACES DIVERSES DE VERS A SOIE.

1° Races du Japon.

Ce n'est que pour mémoire que nous parlons ici des races japonaises, à cocons verts ou blancs; car, si elles ont eu un moment de vogue, à l'époque où les races européennes ne réussissaient pas, elles sont bien déchues aujourd'hui que le système Pasteur a rendu aux races de notre pays une partie de la vigueur qu'elles ne tarderont pas à recouvrer entièrement.

Les graines japonaises ont empêché le découragement de s'emparer de beaucoup de nos sériciculteurs. Elles ont ainsi sauvé un grand nombre de plantations de mûriers : à ce titre, notre reconnaissance doit leur être acquise. Mais nous avouons qu'aujourd'hui, ayant sous la main d'aussi bonnes graines (car le Japon va être contaminé à son tour), il y aurait folie à continuer les éducations de vers de cette provenance :

1º Parce que ces vers réclament autant de soins, autant de dépenses que les autres pour donner des résultats bien moindres, puisque 1^{kg} contient 1350 cocons japonais, tandis que 600 cocons de races européennes suffisent pour donner le même poids. Aussi une réussite de 20 ou 25^{kg} est-elle considérée comme magnifique.

2º Parce que ces cocons, bien que d'excellente qualité, se vendent toujours $1^{fr},50$ ou $2^{fr},00$ meilleur marché que ceux de nos pays.

2º Race de Corse.

Cette race est la plus belle que nous connaissions : elle produit des cocons de couleur jaune pâle, presque blanc, avec des reflets roses. La soie est d'une finesse et d'une richesse rares, le grain très-serré rend le cocon excessivement dur. On ne saurait trop recommander aux éducateurs de se procurer de la graine de cette race rustique dont le produit se vend mieux que les autres et qui donne des résultats superbes.

3º Race des Pyrénées.

La race des Pyrénées, dite aussi *Perpignan*, offre quelques analogies avec la précédente. Les cocons sont cependant plus petits, d'un jaune plus ardent, mais leur soie est presque aussi fine et obtient à peu près le prix de la race de Corse.

4° Race des Alpes.

Les races blanches et jaunes des Alpes donnent des cocons très-gros, mais pauvres en soie. Ce sont néanmoins des races rustiques que l'on peut élever avec avantage, bien que leur récolte se vende par kilogramme o^{fr},5o ou o^{fr},75 moins cher que les précédentes.

Telles sont les principales races que l'on élève dans le Midi, ou du moins celles qui méritent d'être citées. La plupart des autres ne sont que des dérivés plus ou moins sains de ces trois races. Il faut en excepter toutefois celles du Gard et de quelques autres départements de grande culture qui ont leurs races particulières.

CHAPITRE VIII.

I. — EMPLOI DU MICROSCOPE.

Le microscope est un instrument d'optique destiné, comme son nom l'indique, à distinguer les corps invisibles à l'œil nu. Les services qu'il a rendus sont innombrables, mais l'une des plus heureuses applications que l'on en ait faites est, sans contredit, l'étude des germes de la pébrine ét de la flacherie. C'est grâce à lui que M. Pasteur a pu les découvrir et débarrasser ainsi la sériciculture des entraves qui la retenaient depuis si longtemps.

Le microscope (*fig*. 32) se compose d'un tube en cuivre fermé à chacun de ses bouts par un verre convexe grossissant, de manière à constituer une sorte de lunette. Le verre supérieur, enchâssé dans un petit tube en cuivre qui se termine par un autre verre également convexe, se nomme *oculaire*, parce que c'est sur lui que l'on applique l'œil; le verre inférieur prend le nom d'*objectif*, parce qu'il touche presque l'objet à examiner. Ce tube est fixé contre une plaque en cuivre munie de pieds et percée à son milieu d'un trou destiné à laisser passer et à réunir les rayons de la lumière réfléchie

par un miroir concave et mobile placé sous la plaque. Une vis de rappel, qui se trouve derrière l'instrument contre le tube, permet de le faire descen-

Fig. 32.

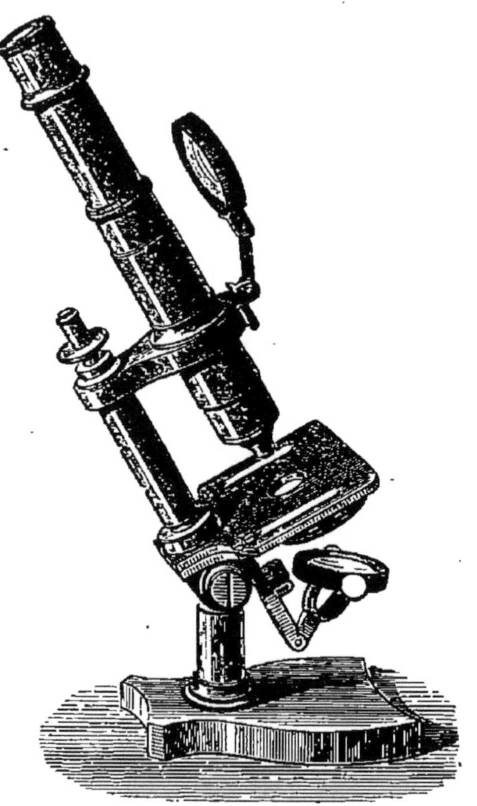

Microscope.

dre ou monter pour *mettre au point*, c'est-à-dire à
la distance nécessaire pour voir nettement l'objet
que l'on veut étudier.

La maison Nachet et fils, opticiens, rue Saint-

Séverin, 17, à Paris, fabrique des microscopes spécialement destinés à la sériciculture. Ces instruments, d'une construction irréprochable, donnent un grossissement de 500 fois, suffisant pour voir parfaitement les organismes de la pébrine et de la flacherie, et coûtent 95^{fr}. On peut acheter aussi séparément des grossissements plus forts ou plus faibles.

Lorsqu'on veut étudier un objet, on l'étend sur une lame de verre, on le recouvre d'une lamelle mince et on le pose sur la plaque ou porte-objet du microscope, de manière qu'il se trouve à peu près au milieu de l'orifice. On éclaire alors l'instrument en faisant tourner le miroir jusqu'à ce que la lumière arrive à l'œil que l'on applique à l'oculaire; on saisit ensuite la lunette et on la fait descendre en lui imprimant un mouvement de rotation. Dès que l'on voit passer une espèce d'ombre devant la vue, on abandonne le tube pour prendre la vis de rappel que l'on fait mouvoir de gauche à droite pour le faire monter, ou de droite à gauche pour le faire descendre, jusqu'à ce que l'on aperçoive l'objet.

Pour examiner des vers à soie, on les broie dans un mortier et l'on pose une goutte de la bouillie sur une lame de verre que l'on recouvre d'une lamelle, et l'on agit comme ci-dessus. Si le ver vient à peine de naître ou est encore très-petit, on l'écrase directement entre les deux morceaux de verre sans le broyer dans un mortier, en ayant soin, toutefois, d'enlever les parties membraneuses.

11

Si l'on examine des papillons ou des chrysalides, on enlève les paquets de graines des femelles, et, dans le premier cas, on coupe les ailes et les pattes de l'insecte avec des ciseaux avant de le broyer, et l'on examine encore une goutte de la bouillie. Si la première goutte ne contient pas de corpuscules, on en vérifie une seconde, plusieurs même, pour être plus certain de ne pas se tromper.

Il est bon de noter sur un cahier d'observations le nombre des corpuscules que l'on trouve dans un *champ* (1); pour cela, on divise par la pensée ce dernier en quatre parties égales, on compte aussi exactement que possible le nombre des corpuscules contenus dans une de ces parties, et en multipliant par 4 on obtient un nombre total assez exact (2).

Pour mieux voir toutes les parties de l'objet que l'on examine, on fait mouvoir lentement et dans tous les sens la lame de verre sur laquelle il est déposé. Seulement, si l'on veut voir la partie droite, il faut le pousser à gauche et réciproquement; cela tient à ce que les verres du microscope renversent l'image qu'ils reçoivent.

---

(1) On nomme *champ d'un microscope* la circonférence éclairée par le miroir. Une goutte de liquide peut donc avoir plusieurs champs.

(2) Les nombres des corpuscules par champ sont faibles pour des papillons lorsqu'ils sont compris entre zéro et 20; pour des chrysalides jeunes et, *a fortiori*, pour des graines, ces nombres sont considérables. (PASTEUR, t. II, p. 248.)

II. — **EXAMEN DE LA GRAINE.**

Comme beaucoup d'éducateurs ne peuvent faire leur graine eux-mêmes et qu'ils sont obligés, pour la plupart, de s'en rapporter à la loyauté du marchand qui la leur vend, on a cherché si, en l'examinant au microscope, on ne pourrait pas découvrir son degré d'infection. On ne saurait, en effet, considérer comme des moyens pratiques ceux qui reposaient sur la couleur plus ou moins foncée de la graine, sur la régularité plus ou moins grande des petits points noirs que l'on aperçoit avec un verre grossissant sur sa surface, etc., etc. Ce n'étaient là que des utopies dont l'expérience a bientôt fait justice.

Des naturalistes italiens ont, les premiers, eu l'idée de ces examens microscopiques, qui ont donné naissance à la méthode dite *italienne*. Ces études ont démontré la présence des corpuscules, organismes de la pébrine, non-seulement dans les œufs, mais surtout dans les embryons. Elles ont, de plus, constaté que la proportion des œufs corpusculeux augmente considérablement dans une ponte malade, à mesure que l'on approche de la naissance des vers. Enfin, lors de l'éclosion, les vers les plus malades ne peuvent percer leur coque ou en sortir, une fois percée. Ce n'est, comme bien on pense, qu'avec de nombreuses difficultés que l'on est parvenu à énoncer cés axiomes, puisque les œufs infectés contiennent fort peu de corpuscules pendant les premiers mois de la ponte, surtout lorsqu'ils sont bien fécondés. En effet, les œufs mal fécondés, de couleur rougeâtre ou brune, très-déprimés, en contiennent, en général, à profusion : aussi M. Pasteur, qui nous fournit tous ces détails, engage-t-il les personnes qui commencent leurs premières études microscopiques sur les œufs à choisir de préférence ces derniers.

Il résulte de ce qui précède que la même graine examinée à diverses époques donne des résultats toujours différents : on a dû, par conséquent, rejeter l'examen qui ne portait que sur la graine, et on l'a remplacé par l'essai des vers eux-mêmes.

Voici cette méthode telle qu'elle est exposée par M. Vittadini, académicien italien, comme conclusion d'un Rapport reproduit par M. Pasteur dans son Ouvrage (t. I, p. 39) :

« La présence des corpuscules dans les vers à peine nés offre une telle évidence de choses, qu'on peut la prendre pour critérium de l'infection des graines, de préférence à l'examen des graines non encore écloses.

» . . . . . On soumet à l'incubation, en février ou en mars, une petite quantité de la graine à essayer et l'on attend l'éclosion des vers pour soumettre ceux-ci à l'examen microscopique. On en prend un ou davantage, mort ou vivant, peu importe, on l'écrase avec une goutte d'eau distillée sur une lame de verre bien propre et on l'examine au microscope, à un grossissement d'au moins 3oo fois.

» . . . . . Les vers qui contiennent des corpuscules dès leur naissance ne peuvent vivre jusqu'à la formation du cocon, et, bien que l'absence de corpuscules dans les vers à peine nés ne puisse être regardée comme un indice certain de la bonté de la graine, c'est, de toute façon, un indice assez probable. »

Telle est la méthode italienne, qui peut donner d'excellents résultats si elle est consciencieusement appliquée, puisque, comme le dit M. Pasteur, l'examen séparé de 5o petits vers au moment de l'éclosion peut donner une moyenne très-exacte du degré d'infection. En effet, si sur ce nombre on obtient 2, 5, 1o sujets corpusculeux, on sait que la graine est corpusculeuse à 4, 10, 20 pour 100; et comme, à plus de 15 pour 100, on ne peut compter sur un seul cocon, il vaut mieux, dans ce dernier cas, les jeter; on évitera ainsi beaucoup de peine et de grandes dépenses pour ne rien obtenir.

Nous engagerons donc les éducateurs qui ne peuvent malheureusement confectionner leur graine à faire examiner celle qu'ils ont l'intention d'élever par un micrographe éclairé et impartial. C'est par ce dernier conseil que nous terminerons notre tâche, en remerciant ceux de nos lecteurs qui ont bien voulu suivre jusqu'ici cette étude consciencieuse.

⎯⎯⎯⎯

II.

NOTE SUPPLÉMENTAIRE.

Au moment de mettre sous presse, nous croyons utile de signaler à nos lecteurs les résultats d'une expérience que nous avons faite pendant la dernière campagne séricicole.

Le 8 avril 1876, nous mettions dans une couveuse une certaine quantité de graines que nous avait fournie M. Léon Légier, médecin, graineur à Courthézon (Vaucluse). Le 12 avril, l'éclosion commençait, et le 13 la plupart des vers étaient nés, lorsque dans la nuit du jeudi au vendredi-saint, c'est-à-dire du 13 au 14, par un temps serein, une forte gelée détruisit la feuille des mûriers. Ces malheureux arbres offraient le plus triste spectacle que l'on pût imaginer; ils paraissaient avoir subi les atteintes d'un violent incendie. La séve, en effet, ne circulait plus dans les branches, et les bourgeons, la veille encore souples et verts, étaient devenus rouges et se réduisaient en poussière impalpable dès que l'on y portait la main.

Cependant nous reconnûmes bientôt que l'action de la gelée s'était surtout fait sentir dans les bas-fonds et qu'elle avait à peu près épargné les arbres plantés sur les hauteurs. Nous disons *à peu près*, parce que tous s'étaient plus ou moins ressentis de cet accident atmosphérique qui plongeait dans la désolation plusieurs départements du Sud-Est. Devant une pareille calamité, il n'y avait plus qu'à sacrifier la plus grande partie des vers pour tâcher d'en sauver un petit nombre, grâce aux quelques arbres que leur position avait préservés. On pouvait espérer ainsi prolonger leur vie jusqu'à ce qu'une seconde feuille eût poussé. C'est ce que nous fîmes, ainsi que, du reste, la plupart des éducateurs voisins. Nous jetâmes donc les vers déjà éclos pour ne garder que ceux de la première levée du 14 au matin. En agissant ainsi, nous étions sûr d'avoir des vers d'une égalité parfaite et assez peu nombreux pour que nous pussions les nourrir sans trop de peine. Il était à présumer, en effet, qu'en ayant de la feuille pour une quinzaine de jours, on pourrait, ce délai expiré, trouver sur les mûriers assez de nouveaux bourgeons pour continuer l'éducation. Par malheur, dès le 15, la pluie commença à tomber avec abondance, et le thermomètre descendit à 8° R. dans la journée et 4 et 5° dans la nuit. Le même temps continua ainsi durant la semaine suivante, avec de rares éclaircies, pendant lesquelles nous nous hâtions de mettre à l'abri le plus de feuille qu'il nous était possible. Presque toujours cette feuille était mouillée, et encore en étions-nous avare : depuis leur naissance, les vers étaient rationnés à deux repas par jour. Enfin, le 23 avril, c'est-à-dire dix jours après leur éclosion, ils commencèrent à s'endormir de la première mue.

Le mauvais temps continuait. Il devint dès lors à peu près évident pour nous que la feuille nous manquerait bientôt, puisque les vers mettaient le double du temps habituel pour accomplir leurs mues. En outre, les mûriers, privés de chaleur et de soleil, ne montraient aucun signe de végétation. Nous fûmes donc tenté de jeter le peu de vers que nous avions gardés, c'est-à-dire environ une demi-once. Mais, comme il s'agissait surtout d'une série d'observations curieuses à faire, nous prîmes la résolution d'attendre, au moins, de ne plus avoir de feuille à leur donner.

Le 26, après plus de 48 heures de jeûne, les vers bien éveillés reçurent le premier repas du deuxième âge. La température étant toujours froide et la feuille ne poussant pas, nous eûmes l'idée de renouveler d'anciennes expériences que nous avions faites autrefois, tendant à nourrir les vers avec d'autres feuilles que celles des mûriers. C'est ainsi qu'ayant divisé une certaine quantité de vers en petits lots, les uns furent exclusivement nourris avec des feuilles tendres d'aubépine, d'autres avec celles de ronces, d'ormeau, d'épine-vinette, etc., etc. Aucun de ces aliments ne put leur convenir : quelques chenilles, poussées par la faim, consentirent bien à les goûter, mais le plus grand nombre semblait, au contraire, les éviter.

Vers cette époque, parut dans le *Petit Journal*, de Paris, une lettre écrite par une personne qui prétendait avoir obtenu plusieurs fois des cocons superbes de vers nourris pendant toute leur éducation avec des feuilles de tilleul et de noisetier. Nous avons immédiatement essayé cette méthode sur deux lots différents : eh bien, nous ignorons si les vers que l'auteur de la lettre en question nourrissait avec ces feuilles appartenaient à une race à part, mais nous pouvons certifier que ceux de nos deux lots ont préféré mourir de faim plutôt que d'y toucher. Force nous a donc été d'arriver à cette conclusion, — conforme, du reste, à celle de nos précédentes épreuves, — que la feuille du mûrier convient seule au ver à soie.

Le 4 mai, nos vers commencent leur deuxième mue.

Neuf jours se sont écoulés depuis leur sortie de la première, soit un laps de temps presque double du délai habituel. Nous n'avons rien autre de particulier à cet âge à signaler, mais nous devons constater que ces insectes, abandonnés pour ainsi dire à eux-mêmes, ne reçoivent que deux repas par jour et que l'appartement dans lequel ils se trouvent n'est jamais chauffé, bien que le thermomètre descende parfois considérablement. De plus, le temps est toujours pluvieux, et pourtant, malgré l'humidité générale et le mauvais état de la feuille consommée, nous ne découvrons aucun symptôme de pébrine ou de flacherie.

Le 7, au sortir de la deuxième mue, nous délitons, et ce n'est que le 17 qu'ils entrent dans la troisième. Mêmes observations pour cet âge que pour le précédent et même absence de maladies, mais aussi, comme l'on voit, même lenteur dans le passage d'une mue à l'autre. Le 20 mai, tous les vers sont sortis de la troisième mue depuis plusieurs heures, mais il ne nous reste plus une seule feuille à leur donner. Chacun de nos mûriers a été cueilli plusieurs fois, aussi ne pourrions-nous trouver sur eux un seul bourgeon, et la feuille commence à peine à pousser sur les arbres atteints par la gelée, de sorte qu'il est impossible de s'en procurer. Nous allons donc être obligé de jeter ces larves au moment où, si le temps avait été beau après la gelée du 13, nous aurions été, au contraire, certain de les sauver. Nous nous décidons, néanmoins, à les garder encore quelques jours pour savoir exactement combien de temps elles peuvent vivre sans manger, et puis surtout, avouons-le, parce que nous ne pouvons nous résoudre à abandonner des insectes qui nous paraissent tous très-sains. Enfin le 22, au moment où nous allions nous décider à en faire le sacrifice pour mettre un terme à leur souffrance, on vient nous dire qu'un voisin émonde ses arbres, et que l'on y trouverait peut-être un peu de feuille. En effet, nous pouvons faire cueillir une certaine quantité de petits bourgeons d'environ 1 ou 2^c de diamètre, et nous en nourrissons nos vers jusqu'au 2 juin, jour où ils s'endorment de la quatrième mue.

Le 5, ils se réveillent et nous sommes assez heureux pour être à même de leur donner de la feuille d'arbres non atteints par la gelée. Nous devons ajouter qu'ils la dévorent littéralement, et semblent avoir à tâche de rattraper le temps perdu. Nous leur distribuons quatre repas par jour durant cet âge, pendant lequel la consommation de la feuille est d'environ 350^{kg}. Nous les nourrissons jusqu'à la fin de leur carrière avec cette feuille relativement bonne que nous cède un voisin dont l'éducation vient de finir. Bref, le 12 juin, nous construisons les cabanes, et le 19, c'est-à-dire *deux mois et huit jours* après l'éclosion de nos vers, nous récoltons pour *une demi-once* 31^{kg},800 de cocons! Et cette marchandise est aussi bonne que celle des années précédentes, à tel point que nous ne trouvons que 300^{gr} de cocons faibles, soit environ 200 vers atteints de flacherie, sur plus de 20 000.

Ce résultat a été si étonnant, eu égard à la température hivernale du printemps de cette année et à la qualité de la feuille donnée, que nous n'avons pu résister au désir de le communiquer à nos lecteurs. Il y a, en effet, selon nous, plusieurs enseignements à tirer de ce fait.

Il nous montre d'abord que, lorsqu'une graine saine est élevée loin d'autres magnaneries, on peut toujours en retirer profit, quelles que soient les circonstances défavorables qui entourent son éducation.

Il nous prouve ensuite que les vers peuvent rester plusieurs jours privés de nourriture sans en souffrir, puisque, dans l'exemple qui précède, ils n'ont rien mangé durant quatre jours, du 19 au 22 mai. On peut donc, sans inconvénient, comme nous l'avons répété dans le cours de notre Ouvrage, les laisser jeûner vingt-quatre ou quarante-huit heures, plutôt que de leur donner une feuille de mauvaise qualité.

Il est évident, en outre, que le ver à soie a besoin, avant de commencer la construction de sa retraite, de manger une quantité déterminée de nourriture. Nous remarquons, en effet, que durant cette période de leur vie, ils ont dévoré 350^{kg} de feuilles, tandis que, dans le même laps de temps, 1 once de graines n'en consomme habituellement que 550^{kg}, dont la moitié est 275. Cet écart de 75^{kg} nous apprend que les vers de cette année, ayant souffert de la faim au début, ont réparé cette perte dans leur dernier âge.

Nous voyons enfin que si jamais, — ce qu'à Dieu ne plaise, — une éducation se représentait dans de pareilles conditions climatériques, on pourrait obtenir encore une récolte. Or, avec son produit, quelque minime qu'il fût, on payerait tous les frais d'éducation. De cette manière, si les bénéfices étaient nuls, du moins ne perdrait-on rien. On ne doit pas oublier, néanmoins, qu'il faut pour cela savoir sacrifier, dès le début, une certaine quantité de vers.

Nous ajouterons, en terminant, que la graine qui nous a fourni ce résultat provient de cette race corse que nous avons déjà recommandée à nos lecteurs. Depuis que nous l'employons, c'est-à-dire depuis son introduction en France par M. Légier, ses rendements ont toujours varié entre 5o et 6o^{kg} de cocons par once, et nous n'avons eu qu'à nous louer de sa rusticité. C'est à cette qualité, du reste, qu'elle doit d'avoir pu résister, chez les nombreuses personnes qui l'ont élevée cette année-ci, aux diverses causes de maladies auxquelles tant d'autres graines viennent de succomber. Aussi ne craignons-nous pas de dire que l'honorable médecin a rendu un véritable service à notre pays en y introduisant cette race de vers à soie.

Miramas, juin 1876.

FIN.

Les Planches 1 à VI, insérées aux pages 14, 15, 18, 19, 73, 104 de ce volume, sont extraites des *Études sur la maladie des vers à soie* de M. Pasteur, qui a bien voulu mettre les gravures de ces planches à notre disposition.

L. R.

TABLE DES MATIÈRES.

CHAPITRE V.

CONSEILS GÉNÉRAUX POUR TOUTE L'ÉDUCATION.

CHAPITRE VI.

ÉDUCATION.

CHAPITRE VII.

GRAINAGE.

CHAPITRE VIII.

FIN DE LA TABLE DES MATIÈRES.

2810   Paris.— Imp. de GAUTHIER-VILLARS, quai des Augustins, 55.